KB195828

김선달이 지구과학 고수라고?

고전에 빠진 과학 4

김선달이 지구과학 고수라고?

정완상 글 | 홍기한 그림

브릿지북스

등장인물

김선달

미워할 수 없는 사기 행각의 대가!
지구과학 관직에 오르게 되나,
끓어오르는 사기 본능은
식을 줄 모름

옹팔

김선달의 오른팔 옹팔.
비호감 외모와 그리 똑똑하지 못한
머리를 가졌으나 김선달의 곁을
떠나지 않는 충직한 제자

투자자들

김선달에게 속아
대동강 물을 비싼 값에
사는 덜 떨어진 이들

랩 하는 스님

최신 유행하는 '랩으로 읽는
경전'의 창시자가 본인이라고
주장하는 멋쟁이 스님

자겸

김선달보다 먼저 과거에 합격해
화학 관직에 오르게 되나,
넉살 좋게 빌붙는 김선달 때문에
항상 괴로운 친구

딱정댁

배낭여행 중 만난 나물 캐는
할머니 딱정댁.
날건달 같은 최 대감 때문에
억척스럽게 나물을 캠

임금

김선달의 과학 실력을
알아보고 김선달을 궐로
들여 태양계에 관해 배우는
깨어 있는 임금

중국 사신

조선의 과학을 무시하여
버릇없이 구는 중국 사신

차례

김 서방의 일기 예보

평양성 대동강 남쪽에 가난한 사람들이 모여 사는 '선교리'라는 마을이 있었다. 이 마을에 넉살 좋고 배짱 두둑하며, 재치 있고 술 잘 먹는 익살꾼이 살고 있었으니, 다름 아닌 평양에서 알 만한 사람은 다 안다는 김 서방이었다.

선교리 장터, 장날도 아닌데 마을 선비들이 모두 모여 북적대고 있었다. 물론 김 서방도 그 무리에 포함되어 있었는데.

"이번엔 두고 보게! 내가 합격자 명단에 떡하니 올라 있을 터이니. 우핫핫!"

김 서방이 의기양양하게 어깨를 펴며 옆에 있는 친구 자겸에게 자랑하고 있었다.

"의기양양한 걸 보니 제법 자신이 있나 보네, 친구."

자겸은 못 믿겠다는 표정으로 김 서방을 쳐다보았다.

"그럼! 지금까지 난 운이 없었던 것뿐이라네."

"운이 네 번이나 없었나? 거참, 너무 운에 모든 걸 맡기니 도통 자네를 믿을 수가 없어."

"자네는 영웅의 법칙도 모르나? 원래 영웅들은 피치 못할 사정으로 위기와 시련을 겪는다네. 하지만 나는 이번에 지구과학 관직에 꼭 오르게 될 거야. 우리가 사는 곳이 어딘가? 지구 아닌가? 지구는 태양의 주위를 도는 여덟 개의 행성 중 우리가 숨을 쉴 수 있는 대기를 가진 유일한 행성이지. 지구과학이란 우리의 소중한 지구와 지구에 영향을 주는 태양이나 달과 같은 천체에 대해 연구하는 중요한 학문이야. 이런 학문을 연구하는 관직이라면 당연히 내가 그 자리에 있어야지, 안 그런가? 우핫핫!"

김 서방은 여전히 꿈속에 빠져 있었다. 김 서방의 꿈은 과거 시험 과목 중 지구과학 시험을 쳐서 지구과학과 관련한 일을 하는 관직에 오르는 것이었다.

"매일 술만 진탕 마시면서 붙으면 용하네, 용해! 이번에 떨어지면 다섯 번째이니 남부끄러워서 어쩌려고!"

그때였다.

"자! 자! 비켜서시오! 과거 합격자 명단을 붙이겠소."

드디어 포도청에서 관군들이 나와 과거 합격자 명단을 붙이기 시작했다. 김 서방의 가슴은 두 근 반, 세 근 반 콩닥콩닥 뛰고 있었다. 김 서방이 꿈을 이루느냐 망신을 당하느냐 하는 중대한 순간이었다. 드디어 관군들이 합격자 이름이 적힌 종이를 붙이고 뒤로 물러났다. 그러자 사람들이 한꺼번에 우르르 몰려들었다.

"어디 보자. 진돌이, 범돌이, 삼돌이는 합격이네. 내 이름은 어디에 있으려나?"

김 서방은 자신의 이름을 찾기 위해 합격자 명단 맨 위부터 차근차근 읽어 나갔다. 옆에서는 친구 자겸이 어느새 자신의 이름을 확인하고는 좋아서 팔짝팔짝 뛰고 있었다.

"드디어 합격했다네. 야호! 성공이다. 내가 원하던 화학 관직에 오를 수 있게 되었어. 난 이번에 삼수를 면했네. 자네는 어떤가?"

"가만히 있어 보게. 지금 읽고 있지 않은가. 자네 때문에 집중이 되질 않아."

"이름 찾는데 집중은 무슨! 내가 찾아 주겠네."

김 서방의 모습이 답답했는지 자겸이 나섰다.

"저기, 저기 내 이름인 것 같은데!"

바로 그때, 김 서방이 소리를 질렀다.

"어디 말인가?"

"저기! 저 선비의 도포 자락에 가려 보이질 않는구먼."

김 서방이 앞에서 시야를 가리고 서 있는 선비를 가리키며 말했다.

"맞네. 맨 아래쪽에 김 서……. 그 뒤에 글씨가 안 보이는구먼. 아무튼 자네, 드디어 합격한 것인가?"

제000회 과거 시험 합격자 명단
야호! 드디어 합격일세!!
자네는 어떤가??
가만히 있어 보게.

자겸도 믿기지 않는다는 눈빛으로 김 서방을 보았다. 김 서방도 과거 시험 네 번 만에 드디어 합격했다는 사실에 기쁨을 감추지 못했다.

"내가 뭐라고 그랬나? 이번에는 반드시 합격한다고 하지 않았나. 우핫핫!"

"너무 좋아하는 거 아닌가? 그런데, 어라? 잠깐만!"

합격 사실을 확인하고 돌아서려던 김 서방을 자겸이 갑자기 붙들고 섰다. 김 서방이 돌아보니 좀 전에 앞을 가리던 선비는 사라지고 없었고, '김 서○' 이라는 글자 옆에는 '벙'이라는 글자가 너무나도 선명하게 새겨져 있었다.

"왜 그러는가?"

"저걸 다시 보게나. 그럼 그렇지, 저기 아랫마을에 사는 김 서벙이 붙었구먼그래."

"뭐야? 말도 안 돼! 이번에는 확실히 내가 장원 급제감이었는데. 이건 있을 수 없는 일이야!"

김 서방이 눈을 비비고 보고, 눈을 감았다 떴다 반복해 보아도, 그것은 분명 자신의 이름이 아니었다.

"있을 수 없는 일이기는! 자네가 머리만 믿고 공부를 게을리할 때부터 알아봤어야 하는 건데. 서벙이는 자네보다 열 살이나 어린데 한 번에 합격했단 말이야. 부끄럽지도 않나?"

"으흠! 아닐세. 이건 다음 시험에 꼭 장원 급제하라는 하늘의 계시라고 생각하네. 나는 술이나 마시러 가야겠네. 자네도 같이 가지 않겠나? 오늘은 하늘의 계시를 축하하는 기념에다가 자네의 합격 기념으로 내가 한턱내겠네."

결국 자겸은 못 이기는 척 김 서방을 따라 주막으로 들어갔다. 어느 주막이든지 단골인 김 서방을 모르는 사람이 없었다.

"또 오셨구려. 이번에는 과거 시험에 합격하였소?"

김 서방을 본 주모가 떨떠름한 표정으로 물었다.

"한 번 더 보기로 했소."

김 서방이 표정 하나 변하지 않고 말했다.

"뭐요? 이번에 과거에 합격하면 꼭 외상값을 갚기로 하지 않았소!"

주모가 버럭 소리를 지르며 김 서방에게 달려들 듯 화를 냈다.

"주모, 조금만 기다리시오. 내가 과거에만 합격하면 그 장학금으로 자네에게 진 외상을 모두 갚고 이 집에 있는 술도 모조리 다 사리다."

김 서방의 뻔뻔한 모습에 자겸은 얼굴을 들 수 없이 부끄러워 집으로 줄행랑쳤다.

"내가 그 말을 벌써 사 년째 듣고 있는데, 지금 나더러 그 말을 믿으라는 거요?"

주모가 김 서방을 보며 혀를 끌끌 찼다.

"어허, 내가 크게 되면 어떻게 하려고! 어서 술이나 주시오."

주모는 투덜대며 술을 내왔다. 그날따라 주막에는 손님들이 가득가득 마당을 메우고 앉아 술을 마시고 있었다. 잠자코 있자니 옆자리에서 술을 마시고 있던 어느 일행의 대화가 김 서방의 귀에 들어왔다.

"요즘 날씨가 급변하니 농사를 짓기 너무 어려워. 그렇지 않은가?"

한 농부가 울상을 지으며 술을 홀짝이고 있었다.

"왜 안 그렇겠나. 어제 아침에 햇볕이 쨍쨍해서 고추를 말리려고 내놓았는데, 글쎄 비가 와서 고추가 다 젖었지 뭔가."

마주앉은 농부도 다리미로 펴야 할 만큼 쭈글쭈글하게 인상을 찌푸리고 있었다.

"내일 날씨는 좋을까? 날씨를 미리 알 수 있다면 얼마나 좋겠나."

"그러게나 말일세. 그럼 농사도 계획적으로 지을 수 있을 텐데 말이야. 내가 얼마나 정성스럽게 고추를 키웠는데, 어제 생각만 하면 아까워서 잠을 못 잘 지경이라네."

두 농부는 서로의 신세를 한탄하며 술을 들이켰다.

"어험! 자네들의 고민이 그거란 말이지?"

그때, 나서기 좋아하는 김 서방이 은근슬쩍 술자리에 끼어들었다.

"당신은 누구요?"

한 농부가 얼떨결에 김 서방에게 자리를 내주며 물었다.

"저 사람을 모르는가? 김 서방 아닌가. 이보시게, 이번에도 과거에 떨어졌다고 하더구먼. 나 같으면 집에 있는 처에게 미안해서라도 일찍 들어가겠네."

다른 농부가 김 서방을 한심한 눈빛으로 쳐다보며 말했다.

"아! 그 김 서방! 양심도 없구먼. 집에서 열심히 바느질할 아내를 두고 술이나 퍼마시고 있으니 말이야."

"지금 그게 중요한 게 아니지 않소. 방금 내일 날씨를 알고 싶다고 하지 않았소?"

김 서방은 농부들의 핀잔에도 아랑곳하지 않고 날씨 이야기에만 관심이 있는 듯 보였다.

"그렇고말고! 날씨만 미리 알 수 있다면 소원이 없겠소."

"그럼 내가 방법을 알려 주리다."

김 서방은 허리를 꼿꼿이 세우고 양반다리를 하고 앉아서는 거들먹거리며 이야기하였다.

"자네가? 과거에 네 번이나 떨어진 자네가? 흥!"

한 농부가 김 서방의 말에 코웃음을 쳤다. 김 서방은 농부의 말에 기분이 상했지만 애써 표정을 감추며 말을 꺼냈다.

"어! 날 무시하다니. 못 믿겠다면 내일 낮에 우리 집으로 오시게."

말을 마치자 김 서방은 쌩하니 주막을 나갔다.

다음 날, 두 농부가 김 서방의 집으로 찾아왔다.

"바쁜 시간을 쪼개서 왔으니 거짓말이면 가만 안 두겠소."

"우핫핫! 그럴 리가 있겠소. 깜짝 놀랄 거요. 내가 놋쇠로 만든 길이 10미터짜리 관을 집에 미리 설치해 두었소. 이 관 위쪽 끄트머리에는 가늘고 긴 입구를 가진 플라스크가 거꾸로 박혀 있고, 관 아래쪽은 물을 가득 채운 원통에 꽂혀 있소. 이제 원통의 물이 대기압 때문에 관을 따라 올라갔다 내려갔다 할 것이오."

평소 지구과학에 대한 지식 없이 농사만 지어 온 농부들은 어리둥절한 눈빛으로 김 서방의 설명을 듣고만 있었다.

"대기압이 뭐요?"

"에헴, 지구는 거대한 공기로 둘러싸여 있는데 그걸 대기라고 부른다오. 그런데 공기는 무게가 있기 때문에 누르는 힘이 작용하지. 바로 공기가 우리를 누르는 압력을 대기압이라고 하는 거요. 그러니까 대기압이 원통의 물을 누르게 되면 긴 관을 따라서 물이 위로 올라가게 되는 것이지."

"글쎄 그러니까, 그걸로 어떻게 날씨를 미리 알 수 있다는 거요?"

"어허, 끝까지 들어 보시오. 만일 기압이 낮으면 물의 높이는 낮아지고 기압이 높으면 물의 높이는 높아진단 말이오. 여기까지는 이해했소?"

"그건 대충 알겠소."

두 농부가 고개를 끄덕이며 대답하자 김 서방은 설명을 이어 갔다.

"내가 관 속에 있는 물에 사람 모양을 한 인형을 띄워 놓았소. 물의 높이가 10미터보다 낮을 때는 인형을 볼 수 없지만 기압이 높아져 물의 높이가 10미터보다 높아지면 놋쇠관 위로 올라온 인형을 볼 수 있을 것이오. 기압이 낮아 인형이 보이지 않는 날은 영락없이 흐린 날이고, 반대로 기압이 높아 인형이 잘 보이는 날은 맑은 날이오. 이것이 바로 사람들에게 그날의 일기 예보를 알려 주는 장치란 말이지. 어떤가, 나의 지식이? 우핫핫!"

김 서방의 긴 설명이 끝나자 농부들로부터 박수가 터져 나왔다.

"그럼 우리도 그 장치를 보면 날씨를 미리 알 수 있다는 거네. 김 서방이 생각보다 똑똑하구먼."

"내가 뭐랬소? 난 곧 장원 급제를 할 몸이라오, 우핫핫!"

"이 사실을 사또에게 알려야겠어. 사또도 분명 기뻐하실 거야."

두 농부는 한걸음에 사또에게 달려가 이 사실을 고했다. 이 이야기를 들은 사또는 크게 기뻐하며 김 서방에게 마을의 일기 예보를 담당하게 하였다. 그렇게

김 서방은 매일 놀면서도 아침마다 사람들에게 날씨를 전달해 주는 것만은 잊지 않았다.

그리고 다음 해, 드디어 과거 시험 일주일 전.

“여보! 그냥 일기 예보나 담당하면서 고향에 있어요. 벌써 네 번이나 낙방했잖아요. 이제는 포기할 때도 되지 않았어요?”

김 서방의 아내가 과거를 보러 가는 김 서방을 필사적으로 말렸다.

“걱정하지 말게. 이번에는 좋은 예감이 든단 말이야.”

"그놈의 좋은 예감, 이제 지긋지긋해요."

"이번에는 진짜요! 반드시 합격증을 들고 고향으로 내려오겠소. 내가 잘되면 한양에서 그 귀하다는 진주 목걸이를 사 오겠네. 우핫핫!"

"전 목걸이도 필요 없으니 제발 찰싹 붙어서나 오세요."

아내가 풀이 죽은 목소리로 말했다.

"걱정하지 말게. 이번에는 무슨 수를 써서라도 붙을 테니. 다 준비해 둔 것이 있단 말일세. 그럼 다녀오겠네."

김 서방은 짚신과 짐 꾸러미를 어깨에 들쳐 메고 휘파람을 불면서 유유히 집을 나섰다.

더 알아보기

자겸

고기압과 저기압은 어떻게 날씨에 영향을 주는 것인가?

김선달

주위보다 기압이 높은 곳을 고기압이라 부르지. 고기압 지역에서는 공기가 아래로 내려오는 하강 기류가 있어 대체로 날씨가 맑아. 반면에 저기압은 주위보다 기압이 낮은 곳이라네. 이 저기압 지역에서는 공기가 위로 올라가면서 비구름이 만들어지기 쉬워서, 비바람이 강하게 불고 날씨가 흐리거나 비가 내리는 경우가 많다네. 어떤가? 내 지구과학 지식이.

농부

대기압이 뭐예요?

김선달

지구는 넓고 거대한 공기로 감싸여 있는데, 이를 '대기'라 하오. 이 대기 또한 무게가 있어 우리 위에 누르는 힘을 주는데, 이 힘에 의한 압력을 '대기압'이라 부른다오. 대기압이 높으면 맑은 날씨가 이어질 가능성이 크고, 낮으면 비나 눈이 내릴 확률이 높은 것이지. 하여, 대기압을 잘 알아 두면 날씨가 어떻게 변할지 미리 짐작하는 데 큰 도움이 될 것이오.

2막

일식의 힘으로 과거에 합격하다!

김 서방은 서울 가는 길이 뭐가 그리 즐거운지 가는 내내 콧노래를 불렀다. 어느덧 해가 지고 하늘이 어둑어둑해지기 시작했다.

"날도 어두운데 쉬어 갈 만한 주막을 찾아봐야겠군."

김 서방은 하룻밤 묵을 주막을 찾기 위해 두리번거렸다. 그때 김 서방의 눈에 한 주막이 들어왔다.

"저기가 좋겠어. '장원 주막'이라, 내가 곧 장원 급제를 할 몸이니 말이야. 저 화려한 기와지붕하며, 정말이지 초특급 호화 시설이군."

김 서방은 허리를 꼿꼿이 펴고 뒷짐을 지고는 헛기침을 하며 장원 주막으로 들어섰다.

"어서 오세용."

주모가 뛰어나와 반갑게 김 서방을 맞았다.

"주모! 뜨끈뜨끈한 방 있소?"

"물론이지요. 호호호. 이리로 드세용."

주모가 싹싹한 말투로 김 서방을 안내했다.

"그전에 배가 고프니, 밥을 먼저 내어 주게."

김 서방의 배에서 때마침 꼬르륵 소리가 들렸다.

"호호호. 무슨 메뉴로 드릴까용?"

"무슨 메뉴가 있소?"

"초특급 호화 스페셜 메뉴가 다 있습니다용. 임금님이 먹다가 너무 맛있어서 돌아가실 뻔한 닭볶음탕과 황희 정승이 울고 간 순댓국밥 등 말만 하시면 뭐든지 됩니다용."

주모가 메뉴판의 메뉴를 줄줄 읊었다.

"음, 쩝쩝. 그럼 나는 순댓국밥으로 하겠네. 황희 정승이 먹었다고 하니 당연히 나도 먹어 봐야지 않겠나."

"호호호, 그럼 순댓국밥으로 내오겠습니다용."

주모가 순댓국밥을 만들러 부엌으로 들어가려는 찰나였다. 얼굴에는 때가 꼬질꼬질하고, 머리는 언제 감았는지 떡이 져서 기름이 철철 넘치는 덩치 큰 남자가 떡하니 주모 앞을 막아섰다. 그 남자는 흘러내리는 콧물을 훌쩍이며 주모에게 다가가 말을 걸었다.

"주모! 밥 좀 주시오. 삼 일을 굶었더니, 배가 고파 죽을 것만 같소."

그 사내는 주모의 팔을 덥석 잡았다.

"어머! 저리 비켜. 그 천한 손을 어디다 대!"

주모는 인상을 찌푸리며 사내의 팔을 뿌리쳤다.

“주모! 사정 좀 봐 주시오. 밥만 주면 땔감도 구해 오겠소.”

“됐네! 지금껏 옹팔이 자네가 가져온 땔감만으로도 올 겨울은 족히 날 것 같으니 더 이상 필요 없어. 손님들 떨어져 나가기 전에 어서 나가!”

주모는 그 남자의 손을 무참히 뿌리치고 부엌으로 들어가 버렸다. 옹팔이라는 이름의 남자는 배가 고파 기력이 없는지 주모가 휘두른 팔에 그만 털썩 주저앉아 버렸다. 김 서방은 그 모습이 안쓰

러워 주모를 불렀다.

"주모! 이리 오시오. 냉큼 오시오~"

주모는 순댓국을 끓이다 말고 냉큼 달려 나왔다.

"부르셨어용? 초호화 특급 요리, 닭볶음탕도 해 드릴까용? 호호호."

"아닐세. 이리 따라오시게."

김 서방은 주모를 데리고 주막의 뒤뜰로 갔다.

"무슨 일이시기에?"

"자, 이것을 보시게나."

김 서방은 주모에게 자신의 봇짐 속에서 무언가를 꺼내 보여 주었다.

"그러니까, 이것이 어쨌단 말인지?"

"그 옹팔이라는 사내에게 밥을 주게. 아니면 이 주막에 무시무시한 안개가 깔릴 걸세."

"지금 저랑 장난하십니까? 저더러 그런 말을 믿으라고요? 흥!"

"어허! 내가 안개를 만들어 낸다는데 그러네!"

"헛소리 그만해요! 이제 보니 당신도 실성한 사람이구먼. 순댓국밥이고 뭐고, 당장 주막에서 나갓!"

주모는 김 서방의 짐을 문밖으로 던져 버리고는 쌩하니 안으로 들어갔다.

"후회할 게야. 주모!"

"후회는 무슨, 흥이다!"

그런데 잠시 후, 장원 주막 마당에 갑자기 안개가 자욱해지기 시작했다. 방에서 나온 주모는 기이한 상황에 놀라움을 금치 못했다.

"어떻게 이런 일이!"

"이 김 서방을 뭘로 보고 말이야. 주모, 순댓국밥 아직 멀었나? 아님 그냥 다른 집으로 갈까? 저 맞은편에 급제 주막도 보이던데?"

김 서방은 짐 보따리에 묻은 흙을 털며 맞은편의 급제 주막으로 가려고 발걸음을 돌리는 척하였다.

"아이고, 아닙니다용! 선비님, 저희 주막에서 묵으세요. 곧 진수성찬

으로 내오지요. 오늘은 귀한 손님이 오셨으니 초호화 특급 요리인 닭볶음탕과 순댓국밥 두 그릇을 내오겠습니다. 마음껏 드세용~"

"고맙네, 주모. 사람 볼 줄 아는구먼. 우핫핫!"

김 서방의 안개 쇼 덕에 옹팔이도 김 서방 곁에서 맛있는 요리를 마음껏 먹을 수가 있었다.

"정말 고맙습니다! 그런데 나리, 도대체 어떻게 안개를 만드신 겁니까?"

옹팔이 게걸스럽게 밥을 먹으며 물었다.

"안개는 공기 중에 있는 수증기들이 새벽이 되어 온도가 낮아지면 물방울로 변해 둥둥 떠다니는 현상이야. 수증기는 기체 상태의 물인데 온도가 낮아지면 물이 식으면서 눈에 보이지 않던 물이 뭉쳐 액체 상태의 물로 변하는 것이지. 바로 그 물방울들이 햇빛을 사방으로 반사하여 뿌옇게 보이는 것이 안개야. 내가 만든 가짜 안개의 원리는 간단하지. 먼저 더운물로 유리병을 헹구고 병 안에 뜨거운 물을 넣는 거야. 그리고 병 입구를 얼음으로 막고 휴대용 백열등으로 병을 비추면 안개가 만들어져."

"우아, 정말 놀랍네요!"

"뜨거운 물에서 나온 수증기가 병 입구에 있는 얼음과 만나 차가워져서 작은 물방울이 생겨 안개가 된 것이야."

"스승님! 무식한 저를 제자로 받아 주세요."

옹팔이 존경의 눈빛으로 김 서방을 바라보며 애원했다.

"나는 과거를 보러 가는 길이야. 곧 과거에 급제할 몸! 지금 한시가 급하다고! 너를 챙길 여유가 없단 말이다."

김 서방이 아무리 설명을 해도 옹팔은 꿈쩍도 하지 않았다.

"안 돼요! 가시려거든 저를 밟고 가세요!"

옹팔의 진심 어린 모습에 김 서방도 더 이상 외면할 수가 없었다. 그날 이후로 옹팔은 김 서방의 보디가드가 되어 그림자처럼 김 서방을 쫓아다녔다.

김 서방과 옹팔은 장원 주막에서 아침까지 후한 대접을 받고 다시 한양으로 발걸음을 재촉했다. 그리고 저녁 무렵, 드디어 두 사람은 한양 땅에 당도했다.

"우아! 여기가 한양이란 말이지요?"

옹팔은 처음 보는 한양 풍경에 입을 다물지 못했다. 촌에서는 보지 못했던 많은 사람들과 여러 가지 음식들 그리고 가지각색의 비단들과 그릇들이 가득한 큰 장터가 십 리 넘게 이어져 있었다.

"어때? 촌 동네와는 비교도 안 되지?"

"네! 먹을거리도 많고, 사람도 많고, 정말 비교가 안 되네요~"

옹팔은 사람 구경을 하느라 두리번두리번 정신이 없었다.

"그런데 나리, 해가 뉘엿뉘엿 넘어가는데 우리는 어디서 자요?"

"다 수가 있지~ 나를 따라 오너라. 원래 유명인은 친구가 전국 팔도에 분포하는 법이니라. 우핫핫."

한 십 분쯤 걸었을까? 남산골이라는 이름의 마을이 보였다.

"자, 여기야! 바로 내 친구의 집이지."

"우아! 이렇게 으리으리한 집에 친구가 살아요?"

김 서방이 으리으리한 대궐 같은 집 앞에서 걸음을 멈췄다.

"그럼~ 이리 오너라!"

김 서방이 크게 외쳤다.

"예이!"

문 안쪽에서 우렁찬 소리가 들리더니, 머슴 하나가 문을 열고 나와 고개 숙여 인사를 하려다 김 서방과 옹팔의 옷차림을 보고는 멈칫했다.

"뭡니까? 무슨 일로 왔소? 구걸이라도 하러 온 거면 썩 꺼지시오!"

머슴은 정색을 하며 김 서방과 옹팔을 내몰았다.

"나리, 정말 이 집이 맞아요? 친구가 집에 왔는데 이렇게 푸대접을 하다니요."

"맞다니까! 가만히 있어 봐!"

김 서방과 머슴이 계속해서 실랑이를 벌이고 있는데, 친구 자겸이 마침 가마를 타고 도착했다. 김 서방은 반가운 마음에 달려가서는 자겸의 손을 덥석 잡았다.

"오호! 자겸이, 날세. 잘 지냈는가?"

그러나 자겸은 김 서방이 그다지 달갑지 않은 표정이었다.

"어, 어. 자네 왔는가? 여기는 어쩐 일로 왔는가?"

"에이~ 그걸 몰라서 묻나?"

"설마 또 과거를 보러 온 것은 아니겠지? 자네는 과거 체질이 아니라니까. 고향에서 일기 예보를 담당하고 있다고 들었네. 그것이 자네한테 딱 맞아."

"어허! 친구, 말이 심하질 않나! 곧 장원 급제할 몸인데."

김 서방은 조금의 부끄러움도 없이 당당하기만 했다.

“나 참! 네 번이나 떨어진 과거를 다섯 번째라고 붙겠나?”

“암! 신의 계시를 받았는걸. 그나저나 내일이 시험이니 오늘 하루만 묵게 해 주게.”

자겸이 그러라고 하기도 전에 김 서방은 이미 자겸의 으리으리한 집 마당으로 들어서고 있었다.

“그거야 뭐 어렵지 않지만, 저 옆의 꼬질꼬질한 사람은 누구인가? 설마 친구는 아닐 테고.”

자겸이 눈을 찌푸리며 옹팔의 생김새와 옷차림을 유심히 살폈다.

“날 보호하는 보디가드일세. 내가 워낙 유명해서 몸조심해야 할 필요가 있어 고용했지. 우핫핫!”

“무슨 보디가드가 저런가? 코나 후비고 있고. 너무 비위생적일세.”

옹팔은 자신의 얘기를 하는지도 모르고 계속해서 코를 후비며 코딱지를 이리저리 튕기고 있었다.

“아무튼 들어오게나. 오늘 하룻밤은 재워 주지. 그러나 내년에 또 온다면 곤란하네. 그때는 재워 주지도 않을 뿐더러 과거도 못 보게 내가 꼭 붙잡아 둘 걸세.”

“그걸 말이라고 하나? 난 요번에 꼭 붙을 것이니 다시는 신세질 일이 없네.”

그렇게 김 서방은 자겸의 집에서 하루를 묵게 되었다. 김 서방은 자신의 집인 양 하인도 마구 부리고 편하게 아침밥까지 챙겨 먹은 뒤 과거 시험장으로 향했다.

"꼭 붙으세요! 꼭 붙어서 맛있는 것 많이 사 주셔야 해요!"

과거 시험장 앞에서 옹팔이 팔을 걷고 응원을 시작했다.

"고놈의 먹을 것 타령! 걱정 마라. 이번에는 꼭 붙을 것이니라!"

"파이팅! 파이팅! 장원 급제 김 서방!"

옹팔의 응원을 뒤로 하고 김 서방은 과거 시험장으로 들어갔다. 시험장 안은 각 고을에서 올라온 다양한 사람들로 북적거렸다. 지구과학 관련 관직 과거 시험은 시험관과 일대일로 치러지며, 시험관의 질문에 그 자리에서 답을 하지 못하면 떨어지는 무시무시한 방식이었다.

모두들 번호대로 줄을 서서 자신의 차례를 기다리고 있었다. 김 서방 또한 자신의 차례를 기다리며 초조하게 시계를 쳐다보았다. 김 서방은 뒤에서 서너 번째로, 김 서방 뒤에 세 사람이 더 있었다. 그때, 김 서방 뒤에서 투덜대는 소리가 들려왔다.

"아! 순서가 이렇게 뒤라니."

"그러게 말이야. 우린 도대체 언제 시험을 치고 가지?"

그런데 두 사람의 이야기를 들은 김 서방의 얼굴에 갑자기 화색이 돌더니 흔쾌히 두 사람에게 자신의 자리를 양보하는 것이 아닌가?

"정말 고맙소!"

두 사람은 김 서방에게 매우 고마워하며 연신 고개 숙여 인사했다. 김 서방은 오히려 자기가 고맙다며 고개 숙여 인사했다. 그러고는 계속해서 초조한 듯 시계 한 번 쳐다보고, 하늘 한 번 쳐다보기를 반복했다. 마침내 김 서방의 차례가 되었다.

"마지막, 김 서방, 들어오시오!"

"네. 제가 바로 김 서방입니다!"

김 서방은 발걸음도 당당하게 시험장으로 들어갔다.

"자! 그럼 질문을 하겠소. 지구과학을 영어로 뭐라고 합니까?"

"엥?"

김 서방은 예상치도 못한 첫 질문에 머리가 새하얘지는 것 같았다. 감독관은 김 서방의 답을 기다리고 있었지만 김 서방은 계속 시계만 쳐다볼 뿐이었다.

'3, 2, 1, 0.'

그리고 김 서방이 속으로 숫자를 세자, 갑자기 환한 대낮이 칠흑 같은 암흑으로 바뀌었다.

"앗! 갑자기 무슨 일이지?"

감독관들과 주변 사람들이 깜짝 놀라 수군대는 소리가 들렸다. 하지만 김 서방은 얼굴 가득 회심의 미소를 지으며, 자신의 도포 소매 자락에 넣어 둔 합격 도장을 꺼내 감독관이 들고 있던 자신의 시험지에 꾹 찍었다.

곧이어 어둠이 가시고 다시 태양이 모습을 드러냈을 때, 김 서방은 이미 시험장을 나온 후였다.

갑자기 이게 뭔 일이람?!
헉! 갑자기 깜깜해 졌어!!
쿵

“나리, 시험은 잘 치셨나요?”

밖에서 기다리고 있던 옹팔이 한걸음에 달려와 물었다.

“암~ 합격이야. 우핫핫!”

“벌써 결과가 나왔어요?”

“좀 전에 하늘이 갑자기 어두워졌지? 이렇게 대낮에 태양이 안 보이는 걸 일식이라고 하지. 태양과 지구 사이에 달이 놓여 달이 태양을 완전히 가려서 태양 빛이 지구에 오지 못하는 현상이야. 나는 최근 몇 년 동안 일식이 언제 일어날 것인가를 연구했지. 그리고 바로 오늘, 일식이 일어나는 정확한 시간에 모두가 어둠 속에서 경황이 없는 틈을 타 내 시험지에 합격 도장을 찍은 것이야. 이런 건 지구과학의 천재가 아니면 감히 상상도 할 수 없는 일이지.”

“그거 부정행위 아닌가요?”

“무슨 소리! 과학이지!”

김 서방의 당당함에 옹팔은 고개를 갸우뚱거렸다. 어쨌거나 한 달 뒤, 김 서방은 드디어 지구과학 초시에 합격하고 ‘김선달’이라는 관직을 얻게 되었다.

더 알아보기

주모

안개는 어떻게 만들어지는 거예요?

김선달

안개란 공기 중에 있던 수증기가 새벽녘 기온이 내려감에 따라 물방울로 변하여 공중에 떠 있는 현상이오. 밤사이 기온이 크게 내려가면 공기 속 수증기가 차가운 공기와 만나 물방울로 바뀌게 되지요. 이 물방울들이 작은 입자들로 공중에 퍼져 떠다니며 뿌옇게 보이는 것을 바로 안개라 하오. 그러하니, 날이 차가워질수록 안개가 짙어질 가능성이 크지요.

옹팔

일식이 무엇이옵니까?

김선달

일식이란 달이 태양을 가려서 생기는 현상이니라. 달이 태양의 일부만 가리게 되면 부분 일식이라 부르고, 태양을 완전히 가리면 개기 일식이라 하지. 이 개기 일식이 일어날 때는 태양이 완전히 가려 어둠이 찾아오기도 하느니라. 또한, 달이 태양의 중앙 부분만 가리고 가장자리는 둥글게 남아 빛나게 되는 금환식이라는 것도 있느니라. 이 모습은 마치 금반지와 같아 금환식이라 부르게 되었지. 일식의 이러한 형태들은 달과 태양이 지구와 어떻게 위치하느냐에 따라 달라지니라.

3막

사기꾼 잡는 과학의 힘!

엉터리 방법으로 벼슬을 얻은 김선달은 이제 마을에서 마음껏 떵떵거리며 지낼 수 있게 되었다.

"다들 내가 뭐라 그랬나? 과거에 합격할 것이라고 했지?"

사람들이 묻지도 않았는데 김선달은 스스로 떠벌리며 틈만 나면 마을을 돌아다녔다.

"나리! 이제 벼슬도 따셨겠다, 맛있는 것 좀 사 주세요! 제 한 몸 다 바쳐 나리를 지켜 드리는데 입에 떨어지는 게 없으니 섭섭하네요!"

껌딱지처럼 붙어 다니던 용팔이 김선달에게 투정을 부렸다.

"나 참! 말하지 않아도 챙겨 주려고 했어. 이 김선달을 어떻게 보고! 에헴, 말 나온 김에 오늘은 장에나 한번 가 볼까?"

"아! 맞다. 오늘이 장이 서는 날이죠?"

"그래 맛있는 것도 먹고, 요즘 신상품들이 어떤 것이 나왔나 구경도 좀 하자꾸나."

장날이라 그런지 장터에는 사람들이 가득했다. 생선을 내놓고 파는 장사꾼들, 비단을 파는 비단 장수들, 호빵을 파는 아줌마 등 다양한 볼거리와 먹을거리가 가득했다. 김선달은 좀 더 찬찬히 둘러보고 싶었지만 이미 순댓국집 앞에서 침을 흘리고 있는 옹팔을 보고는 하는 수 없이 밥을 먼저 먹기로 했다.

"음냐, 쩝쩝, 국밥이 너무 맛있어요~"

"옹팔아, 너는 어떻게 먹을 거 앞에서는 손이 보이질 않니?"

"이게 다 우리 집 내력이에요. 먹을 것은 결코 놓치지 않는다!"

옹팔이 먹는 것에 온통 정신이 팔려 있을 때, 김선달의 눈에는 맞은편 지구본 가게가 들어왔다.

"옹팔아, 나는 지구본을 보고 있을 터이니 다 먹고 오거라."

"그러시든지 말든지~ 그럼 나리 것도 제가 먹겠습니다요~"

김선달은 옹팔을 뒤로 하고 지구본 가게로 향했다. 지구본을 파는 장사꾼은 김선달의 허름한 옷차림에 인사도 없이 하던 일만 계속하고 있었다. 김선달은 그런 장사꾼의 행동에 아랑곳없이 지구본을 들었다 놓았다, 좋은 것을 고르려고 눈에 불을 밝혔다.

"사기는 할 겁니까? 때가 타면 아무도 사지 않는다고요. 그렇게 오래 만지작거리다가 내려놓으면 어쩌자는 거요?"

"물론 사려고 고르는 것이지요."

김선달은 장사꾼의 불평에 여유롭게 대답했다.

"정말 사시게요?"

장사꾼의 표정이 갑자기 돌변하였다. 김선달은 가장 튼실해 보이는 지구본을 들고 주인에게 가격을 물었다.

"음, 스무 냥입니다요."

김선달은 속으로 괘씸하다는 생각이 들었다. 지구과학 관직에 있는 자신에게 두 냥이 넘지 않는 지구본을 열 배가 넘는 가격에 팔려고 하다니.

“스무 냥이나요? 지구본이 원래 그렇게나 비싼가요?”

김선달은 모르는 척 주인에게 물었다.

“모르셨나 봐요. 이건 청나라에서 온 비싼 지구본이랍니다. 아무 데서나 살 수 없는 귀한 지구본이라고요.”

주인은 속으로 쾌재를 부르며 천연덕스럽게 거짓말을 했다. 김선달은 끝까지 모르는 척 지구본 값을 지불하고 가게를 나왔다.

“아마 오래오래 잘 사용하시게 될 겁니다요. 또 오세용.”

장사꾼은 크게 기뻐하며 김선달의 뒤통수에 인사를 했다. 김선달은 속으로 어떻게 혼쭐을 내 줄까 하는 생각뿐이었다. 골똘히 생각에 잠겨 포도청 앞을 지나가던 중에 문득 머릿속에 좋은 생각이 떠올랐다.

김선달은 포도청 입구에서 기울어진 지구본을 똑바로 세웠다. 그리고 흡족한 표정을 지으며 포도청으로 들어가 사또 뵙기를 청하였다. 사또는 김선달이 그동안 성실하게 일기 예보를 하여 고을의 풍작을 도왔기 때문에 누구보다도 김선달을 총애했다.

“오호! 김선달이 왔는가?”

사또는 반가운 표정으로 김선달을 맞았다.

“네, 사또. 그간 건강하셨습니까?”

“그런데 자네가 여긴 웬일인가? 나에게 볼일이라도 있는 건가?”

“네! 사또의 하늘과 같은 은혜에 티끌만큼이라도 보답하고자 지구본을 가지고 왔습니다."

김선달은 자신이 조작해 놓은 지구본을 조심스레 사또에게 바쳤다.

"아니, 내가 뭐 한 게 있다고 이런 선물을 다 들고 오는가. 허허허! 이러지 않아도 되는데 말이지."

"아닙니다. 사또께서 고을을 잘 다스려 우리 고을이 항상 살기 좋은 고장 1위를 하고 있지 않습니까?"

"허허허! 아무튼 고맙소. 엥? 그런데 지구본이 왜 이렇게 똑바로 서 있는가?"

사또는 김선달의 칭찬에 흡족한 기분으로 지구본을 받았다. 그런데 기울어져 있어야 할 지구본이 똑바로 서 있는 게 아닌가.

"그러게나 말입니다. 제가 세상에서 가장 좋은 지구본을 달라고 했더니 지구본 장수가 이것을 주었습니다."

"어허! 지구본이 똑바로 서 있다니. 그러면 지구의 자전축이 기울어져 있지 않다는 이야기인가? 그렇다면 태양의 남중 고도가 변하지 않아 계절의 변화가 없다는 이야기인데. 우리나라는 사계절이 뚜렷한 나라 아닌가."

"그렇사옵니다. 분명 사또께 드릴 선물이니 가장 좋은 것으로 달라고 했는데, 장사꾼이 가짜 지구본을 주었나 봅니다."

김선달은 입에 침도 바르지 않고 천연덕스럽게 거짓말을 하였다.

"아니! 어떻게 그러한 일이! 이건 분명 과학을 기만한 일, 어서 그 장사꾼을 불러들여야겠소."

평소 다혈질로 소문난 사또는 분노를 주체하지 못했다.

"사또, 진정하십시오. 설마 일부러야 그렇게 했겠습니까?"

김선달은 속으로 잘되어 간다고 생각했지만, 겉으로는 사또를 진정시키며 말렸다.

"아니오. 이건 자네와 나, 모두를 무시한 처사로 볼 수 있으니, 내가 따끔히 혼을 내 주어야겠소."

김선달은 속으로 쾌재를 불렀다. 사또는 지구본을 판 장사꾼을 당장 불러오라고 불호령을 내렸다. 관군들은 사또의 명령에 따라 지체 없이 장사꾼을 불러들였다.

"사또, 부르셨습니까?"

장사꾼은 영문도 모른 채 사또 앞에 머리를 조아렸다.

"내가 자네를 왜 불렀는지 아는가?"

"저는 성실하게 하루하루 돈을 벌어 살아가는 장사꾼이옵니다. 그런데 무슨 일로 저를 부르셨는지 이유를 모르겠습니다."

장사꾼의 말에 사또는 더욱 화가 났다.

"그래? 그럼 이 지구본을 보아도 모르겠다고 할 것이냐?"

사또는 김선달이 준 지구본을 장사꾼에게 내밀었다.

"아니, 그 지구본은?"

장사꾼은 사또 옆으로 나타난 김선달과 지구본을 번갈아 보면서 깜짝 놀랐다.

"그래, 이것이 바로 네가 김선달에게 판 지구본이다. 이런 엉터리 지구본을 팔다니, 이것은 고을의 법도에 어긋나니 김선달에게 지구본 값을 다시 환불해 주도록 하여라."

"하지만 저희 가게는 원래 환불이 되지 않습니다."

장사꾼은 곤란하다는 표정으로 사또에게 고하였다.

"어허! 지금부터 되게 하면 되지 않느냐? 김선달! 자네 얼마를 주고 이 지구본을 샀는가?"

"저, 그게 저 장사꾼이 저에게 이백 냥은 주어야 한다고 해서 이백 냥을 주고 샀습니다."

김선달은 장사꾼을 확실히 혼내 주려고 원래 샀던 값에 열 배를 더 올려서 사또에게 고하였다.

"뭐라? 지구본을 이백 냥에 팔아! 분명 지구본 판매 연합회 규정에는 두 냥이라고 되어 있거늘, 감히 열 배도 아니고, 백 배를 부풀려서 팔다니 용서할 수가 없다. 얼른 김선달에게 이백 냥을 돌려주어라!"

사또는 김선달의 말을 곧이곧대로 믿고는 괘씸해서 참을 수 없다는 눈빛으로 장사꾼을 바라보았다.

"저는 맹세코 스무 냥에 팔았습니다. 이백 냥은 절대 아닙니다!"

장사꾼은 고개를 절레절레 흔들면서 사또에게 자신의 말을 믿어 달라고 간청했다.

감히 나를 속이려 하다니!!
당장 이백 냥을 환불해 주고
곤장 백대를 맞거라!!
아이고~
나으리~
ㅠㅠ

"김선달! 그것이 사실인가?"

사또가 김선달에게 다시 물었다.

"아닙니다. 저 장사꾼은 사또를 속이고 있는 것입니다. 흔들리지 마시옵소서."

김선달이 충직한 목소리로 다시 사또에게 고하였다.

"어디 감히 김선달과 나를 속이려 들다니! 사또의 명령이다. 김선달에게 이백 냥을 환불해 주고, 나를 기만한 죄까지 더해 곤장 백 대를 형벌로 내리노라!"

"아이고, 사또! 제 말을 믿어 주시옵소서. 김선달이 거짓말을 하고 있는 것입니다!"

"여봐라! 어서 저 장사꾼의 볼기를 흠씬 두들겨 주어라! 아직도 제 잘못을 뉘우치지 않으니 정신이 번쩍 들도록 두들겨야 할 것이다."

결국 장사꾼은 몇 냥 더 벌려고 하다가 이백 냥을 물어 주고 곤장까지 맞는 신세가 되었다. 관군들은 사또의 명령에 따라 장사꾼의 볼기를 사정없이 때리기 시작했다. 김선달은 사또에게 감사의 인사를 한 뒤 후련한 마음으로 포도청을 나왔다.

"아이고~ 아이고!"

김선달과 옹팔이 어기적어기적 길을 걷고 있는데 멀리서 한 사내의 통곡 소리가 들려왔다. 김선달은 호기심을 주체하지 못하고 소리가 나는 곳으로 뛰어갔다.

"무슨 일로 그리 우는 거요?"

김선달이 물었다.

"아이고, 원수 같은 김 대감 때문입니다. 아이고~ 아이고."

부부는 땅바닥에 주저앉아 부둥켜안고 우느라 정신이 없었다.

"내가 도와주겠소. 무슨 일인지 상세히 얘기해 줄 수 있겠소?"

김선달은 다짜고짜 농부에게 자초지종을 설명해 달라며 자리에 쪼그려 앉았다. 농부는 의심의 눈초리로 김선달을 바라보았다.

"누구시기에 저희를 도와주신다고 하는지 모르겠지만, 저희는 더 이상 누구의 도움도 받지 않을 겁니다. 고리대금업자 김 대감도 우리를 도와주겠다고 돈을 빌려주고는 결국 이런 신세로 만들어 놓았소."

"자네들이 공짜에 눈이 멀어서는 누구를 탓하겠는가? 나는 지구과학 관직에 있는 김선달이라고 하네. 어서 털어놓아 보게."

그동안 하소연할 곳이 없었던 농부는 김선달의 표정에 진심이 묻어나는 것을 보면서 경계를 풀고 자초지종을 설명하기 시작했다.

"최근에 가뭄이 심해 농사를 여러 해 망쳤어요. 그래서 김 대감이 돌린 광고지를 믿고 돈을 빌려 썼지요. 저희 부부는 하나뿐인 아들 구천이를 과외시킬 돈이 필요했어요. 하나뿐인 아들을 고생시키고 싶지 않아 과거를 보게 해 나라를 위한 인재로 키우려고 했거든요. 하지만 김 대감에게 빌린 돈은 이자가 엄청나서 이제는 이 집을 다 팔아도 갚지 못할 지경에 이르게 되었습니다."

"그런 일이 있었군. 이런 경우가 많았나?"

"네. 저희 옆집 똘이네도 마찬가지예요. 서로 누가 먼저 망하나 내기를 하는 것이나 다름없는 처지가 되었지요."

농부는 한숨을 쉬며 대답했다.

"그런 안타까운 일이 있나! 나만 믿게. 내가 조만간 해결해 주겠네."

"그것이 정말입니까? 성함이라도 알 수 있을까요?"

농부와 농부의 아내는 김선달을 존경스러운 눈빛으로 바라보았다.

"좀 전에 말하지 않았나? 난 김선달이야! 평양에서 똑똑하기로 소문난 김선달을 모르다니. 조금만 기다리게. 우핫핫!"

농부와 농부의 아내는 감사 인사를 열 번도 넘게 하였고, 김선달은 흐뭇한 얼굴로 그 집을 나섰다.

"나리! 뭘 믿고 그렇게 큰소리를 떵떵 치셨습니까?"

집을 나오자 옹팔이 김선달의 허풍을 나무랐다.

"뭐야? 내가 그냥 큰소리나 떵떵 칠 위인으로 보이느냐?"

"도대체 무슨 꿍꿍이람? 나리! 가난한 사람들한테 허풍 떨면 나중에 천벌을 받을 거예요. 조심하셔요. 그나저나 지금 어디로 가시는 거예요? 설마 이 길로 곧장 고리대금업자인 김 대감 집에 가시는 거예요?"

옹팔은 김선달을 말리려 했지만 결코 고집을 꺾지 않을 것임을 알기에 그냥 잠자코 따라나섰다.

“너는 내가 어떻게 하는지 두 눈 똑바로 뜨고 보거라!”

“두 눈은 늘 뜨고 있지만, 나리가 두 다리 성하게 그 집에서 나올지 그게 의문이네요.”

옹팔이 김선달의 말을 배배 꼬았다. 드디어 김 대감 집 앞에 다다른 김선달은 큰 소리로 하인을 불렀다.

“거기 누구 없느냐?”

한 사내가 문을 빠끔히 열고 김선달을 위아래로 훑었다. 그 사내는 좀 전에 농부의 집에서 소를 강제로 끌고 간 사내였다.

“누구신지?”

“김 대감을 만나러 왔다!”

김선달은 거리낌 없이 당당하게 말했다. 사내는 겉보기에 차림이 허름했으나, 자신감 있는 김선달의 태도를 보고 쉽게 무시할 수가 없었다.

“대감님과 친구요?”

“아니다. 나는 김 대감과 거래를 하러 왔다.”

“대감님! 누가 대감님을 뵈러 왔습니다요!”

마침 문 앞을 지나가던 김 대감이 자신을 보러 왔다는 김선달을 힐끔 보더니 말했다.

“일단 안으로 모시거라.”

“안녕하십니까? 저는 김선달입니다.”

방으로 안내된 김선달은 김 대감에게 정중하게 인사를 올렸다.

"해질녘이 다 되었는데 무슨 일로 저희 집에 오셨습니까? 혹시 돈이 필요하십니까? 저희 빨리빨리 대출을 소개해 드릴까요?"

김 대감은 김선달의 차림새를 보고 돈이 필요해서 왔으리라 짐작하고는 물었다.

"그것이 아니오라, 요즘 김 대감님의 사업이 날로 번창한다는 소문이 자자하던데, 그 비결이 무엇입니까?"

"에이~ 뭘 그런 걸. 백성들이 어려운 때에 정직하게 돈을 빌려주다 보니 자연적으로 돌아온 것이랄까요? 음핫핫!"

'백성들의 피와 땀을 짜내어 얻은 재산을 감히 정직하게 벌었다고 말하다니!'

김선달은 괘씸한 마음을 꾹 눌러 참고 웃으면서 이야기했다.

"아! 역시 그러셨군요. 저는 그런 김 대감님께 큰 선물을 드리려고 왔습니다. 혹시 집에 금이 좀 있습니까?"

"있습니다만."

김 대감은 뜬금없는 금 이야기에 눈을 가늘게 뜨고 귀를 쫑긋 세웠다.

"저에게 금을 맡겨만 주신다면 열 배가 넘는 금으로 되돌려드리겠습니다."

"에이! 그게 어떻게 가능합니까?"

김 대감은 김선달의 말을 믿지 못하는 눈치였다.

"저는 지구과학 관직에 있는 김선달이올시다. 한번 믿고 맡겨 주시

지요. 후회하지 않으실 거요."

"그게 정말이라면, 사실 나에게 금 열 돈이 있소. 그것을 열 배로 부풀려 줄 수 있겠소?"

김 대감은 가만히 앉아서 큰돈을 벌 수 있겠다는 생각에 자신이 가지고 있는 금 전부를 맡기려고 하였다.

"당연하지요. 저만 믿고 맡기시오."

김선달은 속으로 '이제 너는 나에게 한 방 먹을 것이야'라고 생각하며 쾌재를 불렀다. 김선달은 다음 날 오겠노라 다짐하고는 금을 들고 김 대감 집을 나왔다. 바깥에서 초조하게 기다리던 옹팔이 쪼르르 달려왔다.

"아니, 한 대라도 맞고 나올 줄 알았더니! 이건 웬 금입니까? 설마 나리도 사채를? 그럼 안 돼요! 마님도 생각하셔야죠."

옹팔은 김선달이 또 사고를 쳐서 마님을 고생시킬까 봐 걱정이 태산 같았다.

"시끄럽다, 이놈아! 일단 이 금을 그 농부에게 가져다주거라. 이걸로 빚을 다 갚으라고 전해. 모든 것은 사건이 다 끝난 다음에 설명하마."

"어디 보자! 그럼 이제 시작해 볼까?"

한편 집으로 돌아간 김선달은 혼자서 무엇을 하는지 대장간에서 나올 생각을 하지 않았다. 결국 수탉이 새벽을 알릴 때쯤이 되어서야 대장간에서 김선달의 목소리가 들려왔다.

"그래! 바로 이거야!"

대장간 앞에 앉아 불편하게 졸고 있던 옹팔이 그 소리에 놀라 벌떡 일어났다.

"왜 이렇게 시끄러워요! 무슨 일입니까?"

"옹팔아, 이것 봐! 금이다!"

옹팔은 부스스한 머리를 뒤로 넘기고 하품을 하다가 반짝이는 금을 보자마자 두 눈이 동그란 토끼 눈이 되었다.

"우아! 이것이 다 금이란 말입니까? 연금술사가 따로 없네요."

옹팔의 입에서 감탄사가 절로 나왔다.

"그럼, 넌 엄청 훌륭한 스승을 모시고 있는 거야. 이제 이걸 김 대감 집에 가져가야지."

김선달은 금을 만드느라 더럽혀진 얼굴을 수건으로 대강 닦고 가벼운 발걸음으로 김 대감 집으로 향했다.

"오호! 자네 왔는가? 이렇게나 빨리 금을 열 배로 부풀렸단 말인가?"

"저를 믿으라 하지 않았습니까? 자, 보십시오."

김선달은 옹팔이 낑낑대며 짊어지고 온 금 궤짝을 김 대감 앞에 열어 보였다. 열 배나 많아진 금을 보자 김 대감의 입이 귀에 걸렸다.

"우아! 정말 멋지네. 최고야!"

김 대감은 말을 하면서도 금에서 눈을 떼지 못했다.

"그럼, 저는 이만~"

김 대감은 금에 눈이 먼 나머지 김선달이 가든 말든 관심이 없었다.

"이게 금이란 말이지? 엥? 근데 이 사이에 웬 편지가 있네. 김선달이 적어 놓고 갔나?"

김 대감은 금에 정신이 팔려 있다 한참 후 김선달이 남기고 간 편지를 발견했다.

김 대감, 보시오!

에라이, 이 괘씸한 놈! 세상에 공짜가 있다는 말로 백성을 속이더니 너도 나에게 공짜라는 말에 속아 금을 맡겼지?

네가 지금 보고 있는 금은 진짜가 아니라 황철석이라는 돌이다.

겉으로 보기에는 금처럼 보이지? 의심이 나면 바닥에 대고 긁어 봐라.
검은 선이 그어질걸. 진짜 금이라면 금색 선이 그어지겠지만 말이다.
이 바보 같은 김 대감아! 다시는 그런 고리대금업을 하지 말거라.

_ 잘생기고 영리한 김선달

편지를 보는 김 대감의 표정이 심하게 일그러지더니, 돼지 멱을 따는 괴성을 질러대기 시작했다.

"안 돼! 이건 분명 꿈일 거야. 내 금을 돌려줘! 어서 가서 김선달인지 뭔지를 잡아 와!"

하지만 김선달은 이미 멀리 달아난 뒤였다. 그리고 김선달이 사또에게 미리 알린 덕분에 김 대감은 관군들에게 끌려가 볼기짝에 불이 나도록 곤장을 맞고, 모든 재산을 몰수당하여 쪽박을 차는 신세가 되었다고 한다.

더 알아보기

옹팔

지구본이 왜 기울어 있나요?

김선달

지구본이 기울어져 있는 까닭은 지구가 실제로 약 23.5도 기울어진 채 자전하고 있기 때문이니라. 이 기울기 덕분에 지구는 자전하면서 태양 주위를 돌 때 계절의 변화가 생기게 되는 것이지. 예를 들자면, 북반구가 태양을 더 많이 향할 때는 북반구가 여름이 되고, 반대로 남반구가 태양을 더 많이 향할 때는 남반구가 여름이 되는 이치니라. 그러므로 지구본도 실제 지구의 기울기를 그대로 반영하여 기울어진 모습으로 만들어졌느니라.

사또

남중 고도가 계절마다 다르다고?

김선달

남중 고도란 하루 중에 태양이 하늘에서 가장 높이 뜨는 각도를 말합니다. 보통 정오쯤에 태양이 가장 높이 오르는데, 이때의 고도를 남중 고도라 부르지요. 남중 고도는 계절에 따라 달라지는데, 이는 지구가 자전축이 23.5도 기울어진 채 태양 주위를 돌기 때문입니다. 여름철인 하지에는 남중 고도가 높아 낮이 길고, 겨울철인 동지에는 남중 고도가 낮아 낮이 짧은 것도 이와 관련이 있습니다.

4막

김선달, 대동강 물을 팔다

여유작작하게 무전여행 중인 김선달과 옹팔은 최신 교통수단인 말도 이용하지 않고 걸어서 태백산을 오르고 있었다. 산 중턱에서 참을 수 없이 배가 고파 오자 김선달은 허름해 보이는 집을 기웃거렸다.

"누구 없소?"

김선달이 헛기침을 두어 번 하니, 집에서 늙은 할머니 한 분이 나와 김선달과 옹팔을 게슴츠레한 눈으로 쳐다보며 물었다.

"뉘신지?"

"밥 한 끼 얻어먹을 수 있을까요?"

"에잉! 이 밤중에 웬 거지가. 거지는 안 받아!"

곤한 잠을 깨워서인지 할머니는 신경이 날카로워 보였다.

"오늘 얻어먹은 대가는 내일 일손을 거드는 것으로 갚을 게요~"

김선달이 어울리지 않는 애교를 부리자 갑자기 할머니의 눈이 토끼 눈 마냥 휘둥그레지더니 태도가 돌변했다.

"오호! 안 그래도 젊은 일꾼이 필요했는데 잘됐구먼. 들어오게, 마침 따끈따끈한 밥이 한 술 남았어."

할머니는 김이 모락모락 나는 밥과 간장 한 종지를 가져왔다. 김선달과 옹팔은 그 자리에서 짐을 풀고 앉아 후루룩 쩝쩝, 게걸스럽게 밥을 해치웠다.

다음 날 아침, 부스스한 눈을 비비면서 마당으로 나온 김선달과 옹팔은 놀라서 뒤로 벌러덩 넘어졌다.

"자! 지금 당장 일터로 나가야 하니, 이 복장으로 갈아 입어!"

할머니는 어제의 온화한 말투는 온데간데없이, 둘에게 우스꽝스러운 몸빼 바지를 던져 주고는 일터로 앞장섰다.

"천하의 나리께서 몸빼 바지를 입다니! 우헤~ 아이고, 배야."

옹팔은 김선달의 모습에 배꼽을 잡고 웃었다.

"조용히 해! 옹팔이 너도 팔푼이 같아!"

김선달과 옹팔은 할머니를 따라 산을 올랐다. 남자인 김선달과 옹팔이 타기에도 가파른 산이었다.

"우아! 할머니가 힘도 좋으시지. 어떻게 이런 가파른 산을 날마다 오르신담?"

"꾸물거리고 서 있지 말고 어서 와서 일이나 거들어!"

할머니가 버럭 소리를 질렀다.

김선달과 옹팔이 깜짝 놀라 대답하고는 무성하게 난 잡초를 헤지고

꼬물대지 말고
어여들 와~!!

할머니가 있는 곳으로 들어갔다. 그곳에는 열댓 명의 할머니들이 모여 산나물을 캐고 있었다.

"아니, 딱정댁. 저 젊은이들은 누구여?"

"오늘 내가 고용한 일일 일꾼들이야. 밥 한 끼로 샀어."

할머니는 자랑스럽게 김선달과 옹팔을 소개했다. 다른 할머니들도 그 둘을 탐내는 눈치였다. 삼십 분 후. 김선달과 옹팔은 할머니가 두 시간에 걸쳐 캘 나물을 다 캤다.

그때였다. '에헴' 하는 기침 소리와 함께 야비한 얼굴의 남자가 모습을 드러냈다. 갑자기 노랫소리가 뚝 끊기고 어색한 분위기가 흘렀다.

"나물은 잘 캐고 있나, 할멈들? 날세, 최 대감."

최 대감이란 자는 말만 대감이지 하는 짓이 날건달이나 다름없었다.

"잘 캐고 있다마다요. 그런데 오늘은 어떤 일로 오셨는지? 오늘은 나물 드리는 날도 아닌데."

할머니들은 최 대감의 눈길을 슬슬 피하는 눈치였다.

"이 산의 주인이 누군가? 바로 나, 최 대감 아닌가? 그런 내가 내 산에도 못 오나? 오호~ 고것 참 맛깔스럽게 생겼네. 오늘은 이 나물이 먹고 싶어! 딱정댁, 오늘 자네 나물을 가져가겠어."

"아이고, 그러시면 안 되지요. 얼마나 고생해서 캔 것인데. 이걸 팔아야 쌀도 사고 반찬도 사서 우리 손자들을 먹이지요."

"시끄럽네. 이런 나물은 고급스러운 내가 먹어야 하지 않겠나?"

최 대감은 얌체같이 할머니 손에 들린 나물 보따리를 홱 낚아챘다.

"그럼 잘들 있게~ 다음에 또 오겠네~"

최 대감이 사라지자 잠자코 있던 할머니들이 저주를 퍼부었다.

"쳇! 가다가 코나 깨져라!"

"도대체 이게 무슨 일이에요, 할머니?"

김선달과 옹팔은 영문을 몰라 할머니에게 물었다.

"아이고! 내 팔자야~ 오늘따라 일을 도와줄 사람이 생겨 좋다고 나물을 많이 캤더니 그걸 다 가져가네! 아이고~ 이놈의 최 대감!"

"최 대감이 이 산의 주인입니까? 그래도 정말 너무하는군! 나 같은 정의의 사도가 가만히 보고 있을 수 없지!"

김선달은 언제나 그랬듯 밑도 끝도 없는 정의감에 불타올랐다.

"자네가 무슨 뾰족한 수라도 있다는 말인가?"

"그럼요. 제가 이래 봬도 지구과학 관직을 맡고 있는 김선달이올시다. 조금만 기다리세요. 오늘 밥값은 톡톡히 할 터이니. 옹팔아! 이 마을에 있는 청년들을 좀 모아 보거라!"

옹팔은 일사천리로 마을에서 농사일을 하고 있던 청년 여럿을 앞에 불러 모았다.

"자. 여러분! 여러분의 어머니들이 피땀 흘려 캔 나물들이 최 대감의 손에 착취되고 있습니다. 이것을 보고만 계시겠습니까?"

김선달이 우렁찬 목소리로 열변을 토했다. 그러자 한 청년이 물었다.

"그렇지만 무슨 수로 그것을 막는단 말입니까?"

"좋은 수가 있습니다. 제가 시키는 대로만 하시면 됩니다. 일단 최 대감 몰래 여기에 흙을 쌓고, 그 안에 아궁이를 집어넣으세요."

열 명이 넘는 청년들은 김선달의 말에 따라 산봉우리 근처에 힘을 합쳐 흙을 쌓았다. 비록 힘든 작업이었지만 한창 혈기 왕성한 청년들이라 금세 일을 해냈다.

"그럼 이제 아궁이에 불을 피워 볼까요?"

청년들이 나무를 해 와서는 아궁이에 불을 때자 흰 연기가 모락모락 올라오기 시작했다.

"자! 이제 모든 것이 완성되었습니다."

김선달의 말에 모두 고개를 갸우뚱거렸다.

"이러면 뭐가 달라지나요?"

"이 연기가 화산이 폭발할 징조라고 최 대감 귀에까지 들어가게 모두가 소문을 내 주십시오."

"화산이요?"

"네, 화산이요. 지구 속에는 마그마라는 뜨거운 물질이 있습니다. 마그마가 지각의 약한 곳을 뚫고 나오면서 폭발하는 것이 바로 화산이지요. 뜨거운 마그마가 분출하면 용암이 되어 산을 타고 흘러내려 가면서 마을을 불바다로 만듭니다. 이런 화산 폭발의 징조는 산 정상에서 연기가 피어오르는 현상과 산 정상 주위가 불룩하게 솟아오르는 걸 보면 알 수 있습니다. 이제 화산이 곧 폭발해 마을이 용암에 녹아 버리게 될 거라고 소문을 내세요."

그제야 마을 사람들은 김선달의 의도를 알아차리고 분주하게 뛰어다니며 소문을 내기 시작했다.

"화산이 터지려 한다! 산봉우리에 연기가 피어났다!"

마을 사람들은 최 대감 집 근처에서 더욱 큰 소리를 내며 화산 폭발을 알렸다. 마침 낮잠을 자던 최 대감이 시끄러운 소리에 벌떡 일어나서는 자신의 산에 연기가 모락모락 피어오르는 것을 발견하고는 어쩔 줄 몰라 우왕좌왕했다. 바로 그때, 김선달이 최 대감의 집으로 들어왔다.

"최 대감! 지금 당신의 산에 화산이 터지려고 하고 있소. 아마 화산이 터지면 이 마을을 송두리째 삼켜 버릴 거요. 어서 도망가시게!"

최 대감은 얼떨결이라 무엇부터 해야 할지 몰랐다. 김선달은 그런 최 대감을 더욱 부추겼다.

"지금 그럴 때가 아니요. 목숨이라도 부지하고 싶으면 얼른 이 마을을 벗어나 최대한 멀리 달아나야 할 게요."

김선달은 대문을 열어 주면서 허겁지겁 달아나는 최 대감을 배웅했다.

최 대감은 자신의 식솔들만 데리고 버선발로 달아나기 시작했다.

그날 밤, 마을에서는 밤새도록 흥겨운 잔치가 열렸다.

화산이라니!!
이를 어쩌나???

보람찬 배낭여행을 마치고 집으로 돌아온 김선달과 옹팔은 긴 여행 끝이라 피곤했는지 낮이 되어 해가 쨍쨍 내리쬐는데도 세상 모르고 잠들어 있었다.

"김선달 나리, 집에 계십니까?"

누군가가 자신의 이름을 목청껏 부르는 소리를 듣고 김선달은 그제야 눈을 비비며 문을 열었다. 그러나 반갑지 않은 손님이었다.

"아니, 과거에 급제하면 갚겠다던 외상값은 대체 언제 주시려우?"

김선달이 요즘 슬슬 피해 다니는 '너무해 주막'의 주모였다. 두 해 전부터 김선달이 과거에 급제만 하면 외상값을 죄다 갚겠노라 하였는데, 과거에 붙고 나서도 돈 갚을 생각을 하지 않았다.

"벌써 외상값이 얼마인 줄은 아시유? 이천 냥이유, 이천 냥! 내가 살다 살다 이런 손님은."

"아, 주모, 진정하게! 내가 곧 갚겠어. 갚고 말고."

"도대체 그 곧이 언제유? 또 한 일 년은 더 기다려야 하나? 이제는 도저히 못 참겠으니 돈을 주든지, 아니면 나와 함께 포도청에 가든지, 둘 중에 하나를 고르시유."

주모는 오늘 아주 단단히 벼르고 온 모양이었다.

"어허! 주모, 왜 이러시나? 우리의 정을 생각해서라도 좀 봐 주게. 내가 곧 갚겠다잖아."

"흥! 그럼 모레까지 말미를 줄 테니 꼭 갚으시유. 아니면 확! 신고해

버릴 거유."

주모는 '흥' 하고 콧방귀를 날리고는 주막으로 돌아갔다. 김선달은 눈덩이처럼 불어난 외상값을 생각하니 앞이 막막했다. 이를 어쩌나 고민하며 유유히 흐르고 있는 대동강 물을 바라보던 김선달은 문득 좋은 생각이 떠올랐다.

그때 마침 옆에서 막걸리를 마시던 두 청년의 이야기를 듣고 김선달은 속으로 '빙고'를 외쳤다. 둘은 평양에서 투자할 만한 것을 찾으러 온 투자자들이었는데, 마땅한 것을 찾지 못해 술이나 한잔 하고 돌아갈 참이었던 것이다.

"평양 땅에는 투자할 만한 것이 이토록 없단 말인가?"

한 투자자가 다른 투자자에게 하소연하고 있었다.

"그러게 말이네. 투자할 것이 헤아릴 수 없이 많다는 소리를 듣고 기대하고 왔더니 완전 실망이네. 내일 아침 첫 배로 한양으로 돌아가세."

김선달은 투자자들의 말을 들으며 속으로 '너희들은 곧 내 밥이 될 것이니라!' 하고 쾌재를 불렀다.

다음 날 아침, 투자자들은 처음 뜨는 배로 한양에 가려고 대동강 나루터로 가고 있었다. 그런데 웬 머슴 하나가 나루터에서 손을 벌리고 돈을 받고 있는 게 아닌가? 물을 길러 온 사람들이 그 머슴에게 돈을 주고 통행하고 있었던 것이다. 투자자들은 처음 보는 광경에 머슴에게 다가가 자초지종을 물었다. 그 머슴은 다름 아닌 용팔이었다.

“당연히 이 대동강의 주인이 물을 길러 지나가는 이에게 돈을 받는 것이지요.”

옹팔은 지난밤 김선달이 시킨 대로 거짓말을 하였다. 사실 옹팔에게 돈을 주고 간 이들도 모두 김선달이 큰맘 먹고 고용한 사람들이었다.

“엥? 이 큰 대동강 물에 주인이 있단 말이오?”

투자자들은 더욱더 호기심 가득한 눈빛으로 물었다.

“그럼요~ 산도 주인이 있는데, 하물며 강이라고 없을 리 있나요.”

옹팔은 김선달의 제자 아니랄까 봐 천연덕스럽게 거짓말을 했다. 투자자들은 옹팔의 말에 한층 더 혹하였다.

“그럼 이 강의 주인은 누구입니까?”

“그야, 우리 김선달 어르신께서 주인이지요.”

“그분을 당장 만나게 해 주겠소?”

“워낙 바쁜 분이라, 잠시만 여기 계시겠습니까? 제가 모셔 오지요.”

옹팔은 김선달의 일정을 체크하는 척하며 어기적어기적 김선달을 부르러 갔다. 김선달은 일부러 한참이 지나서야 모습을 드러냈다.

"에헴! 늦어서 미안하오. 워낙 일정이 바쁘다 보니. 무슨 일로 나를 보자 하였소?"

"대동강의 주인이 당신이라고 하기에 궁금한 것이 있어 이렇게 뵙기를 청했소이다."

"아, 그러시오? 이 강의 주인이 나란 걸 모르는 사람은 이 마을에

없소. 이 대동강 때문에 내가 졸지에 부자가 되었으니 말이오."

김선달은 어깨를 쭉 펴며 배에 잔뜩 힘을 주고 말했다. 투자자들은 김선달의 말에 깊이 빠져 들고 있었다.

"아! 그렇습니까? 저희는 사실 평양에서 투자할 만한 것을 찾고 있었습니다요. 그런데 마땅한 것을 찾지 못하여 돌아가려던 참인데 마침 딱 좋은 아이템을 찾았습니다그려. 혹시 이 강물을 저희에게 팔 생각은 없습니까?"

"그건 좀 곤란한데, 이것이 제 밑천이라."

김선달은 심각하게 고민하는 척하며 말끝을 흐렸다. 그럴수록 투자자들은 더욱 안달이 나서 김선달에게 매달렸다.

"값은 후하게 쳐 드릴 테니 저희에게 넘기시지요."

"정 그러시다면야."

"저 그런데, 왜 강이 이렇게 꼬불꼬불하지요? 혹시 불량 아닙니까?"

투자자들은 손해 보는 것을 좀체 싫어하는 성격이라 강의 이곳저곳을 면밀히 살피기 시작했다.

"불량이라니요? 이건 강의 특징이오. 강의 안쪽은 물이 느리게 흘러 퇴적물이 쌓이고. 바깥쪽은 빠르게 흘러 주위를 깎아 내는 침식 작용이 활발해서 그런 거요."

"왜 강물이 안쪽은 느리고 바깥쪽은 빠르죠?"

"예끼, 답답한 사람들아! 네 명이 일렬로 서서 똑바로 걸을 때 줄을 맞추려면 네 사람이 같은 속도로 가야 하지 않겠소? 그런데 이 네 사람이 손에 손을 잡고 회전한다고 칩시다. 이 네 사람이 줄을 맞추려면 안쪽 사람은 짧은 거리를 가니까 천천히 걸어야 하고, 바깥쪽 사람은 긴 거리를 가야 하니까 빨리 걸어야 할 것 아니오. 강물이 회전할 때도 똑같답니다. 안쪽을 흐르는 강물은 짧은 거리를 가면 되니까 느려지지 않겠소? 그러다 보니 물속에 있던 모래나 자갈들을 그곳에 쌓는 것이지요. 하지만 바깥쪽 강물은 긴 거리를 가야 하니 빨리 흐를 것이고, 그만큼 바깥쪽 강둑에 큰 충격을 주어 그곳이 패이는 침식 작용이 일어나는 것이오. 그래서 강물이 구불구불한 모습이 되는 거요. 알겠소?"

김선달의 설명에 투자자들은 고개를 끄덕였다. 그리고 이번에는 저 멀리 보이는 호수를 가리켰다.

"그럼 저 강 옆에 있는 호수도 함께 파는 거요?"

"그렇소. 저 호수는 우각호라고 하는데 강물의 구불거림이 너무 심해 갑자기 물 흐르는 방향이 바뀌면서 강의 일부분이 떨어져 나가 만들어진 호수라오. 당연히 대동강의 부록이지요."

"정말 좋은 조건이군요! 당장 사겠습니다. 얼마면 되겠습니까?"

투자자들은 이제 확실히 김선달의 늪에 빠져들었다.

"에헴! 그게 족히 사천 냥은 받아야 할 것 같은데."

"사천 냥씩이나요? 그건 너무 비싸지 않습니까?"

"싫으면 말고~ 나도 예전에 옛 주인에게 그 가격에 샀습니다그려.

바쁜데 시간만 낭비했구먼. 그럼 이만."

"아닙니다! 사겠어요. 여기 사천 냥이오."

투자자들은 김선달이 대동강을 팔지 않을까 두려워 그 자리에서 있는 돈을 탈탈 털어 사천 냥을 지불했다.

"에헴! 고맙소. 아마 나처럼 떼돈을 벌게 될 거요. 부자 되시오."

김선달은 대동강을 보며 얼싸안고 좋아하는 투자자들에게 마지막 인사를 하고는 당장 주막으로 달려가 외상값을 갚았다.

다음 날 아침, 투자자들은 일찌감치 일어나 대동강 나루터 앞에 서서 손을 벌리고 서 있었다. 그런데 사람들이 돈을 내지 않고 그냥 지나가는 게 아닌가? 투자자들은 그중 한 명을 붙들고 다짜고짜 따졌다.

"어허! 감히 대동강 주인에게 돈도 내지 않고 무료로 대동강 물을 퍼가려고 하다니. 강물 값을 내시오!"

"그게 무슨 말이오? 대동강은 엄연히 나라의 것인데, 어찌 당신네 것이라 하는 거요?"

물을 길러 온 자는 어처구니가 없다는 표정으로 말했다.

"나는 분명 어제 이 강을 사천 냥이나 주고 샀단 말이오!"

"혹시, 김선달이라는 자에게 사셨소?"

물을 길러 온 자가 혹시나 하는 표정으로 투자자들에게 물었다.

"그렇소!"

"쯧쯧, 당신들이 속은 거요. 아마 돈도 찾기 힘들 거요."

“뭐요? 그럼 이 강의 주인이 김선달이 아니란 말이오?”

“내가 여태껏 이 마을에 십 년 넘게 살면서 한 번도 물값을 낸 적이 없소.”

투자자들은 그제야 자신들이 왕창 속았다는 것을 알아차리고는 배가 아파 이리 뒹굴고 저리 뒹굴었다.

물을 길러 온 사내는 그 모습을 보며 혀를 끌끌 찼다. 한참 동안 투자자들은 바닥을 뒹굴며 통곡했다. 그렇지만 물을 길러 온 사람들 중 누구 하나 바보 같은 그들에게 눈길조차 주지 않았다.

더 알아보기

딱정댁

화산이 무엇이오?

김선달

화산이란 땅속 깊은 곳의 가스와 마그마가 지각의 틈을 통해 지표로 분출하면서 형성된 산을 말하오. 지하에서 올라온 휘발성 물질은 화산 가스가 되고, 나머지 물질은 용암이 되어 흘러나오지요. 현재도 활동을 계속하는 화산을 활화산이라 하고, 활동이 멈춘 화산을 사화산이라 부르지요. 우리나라의 백두산과 한라산이 대표적인 화산입니다. 화산 폭발의 징조로는 산 정상에서 연기가 피어오르거나 주변이 부풀어 오르는 모습을 볼 수 있지요.

투자자

강이 왜 꼬불꼬불한가요?

김선달

강이 꼬불꼬불한 이유는 물의 흐름 속도 차이 때문에 침식 작용이 다르게 일어나기 때문이오. 강의 안쪽은 물이 느리게 흐르니 퇴적물이 쌓이고, 바깥쪽은 물이 빠르게 흐르면서 주변을 깎아 내는 침식 작용이 활발하게 일어나오. 강물이 구불구불한 모양을 만들게 되는 것은, 물이 빠르게 흐르는 바깥쪽에서 침식이 일어나고, 느리게 흐르는 안쪽에서 퇴적물이 쌓이면서 강의 경로가 휘어지기 때문이오. 이런 과정을 반복하며 강은 결국 꼬불꼬불한 형태를 이루게 되지요.

5막

스님들의 도서관, 경전을 사수하라!

대동강을 팔아 챙긴 돈으로 외상값을 다 갚고도 돈이 남은 김선달은 하루 종일 빈둥빈둥 술이나 마시며 세월을 보냈다.

그러던 어느 날, 더 이상 이렇게 살면 안 되겠다고 생각한 김선달은 마음과 몸을 정화하기 위해 산속으로 들어갔다. 물론 옹팔도 질질 끌려가다시피 뒤를 따랐다.

"어떠냐? 산 공기가 참 맑고 좋지?"

"헥헥~ 나리, 조금만 쉬었다 가요. 어디서 저런 힘이 나오는지 원, 저는 도저히 힘들어서 못 걷겠어요."

옹팔은 눈앞에 보이는 큰 바위에 걸터앉았다. 김선달도 혀를 끌끌 차며 옹팔의 곁에 앉았다.

"한창 젊고 팔팔한 나이에 뭘 그렇게 힘들어 하누?"

김선달이 옹팔을 나무라자 옹팔이 냅다 소리를 질렀다.

"나리가 그렇게 말씀하시면 안 되지요! 아침에 밥이 부족하다면서

제 밥까지 드시지 않았습니까? 저는 배가 고파서 걸을 힘이 하나도 없다고요!"

"아하! 그랬나? 그나저나, 왜 이리 배가 아프지?"

"이를 어쩌나? 나리, 위장이 배배 꼬이십니까?"

"아냐, 그 배가 아니야. 아이고~"

김선달이 고통스러운 표정으로 배를 쥐고 이리저리 뒹굴었다.

"그럼 혹시 맹장염인 건가요? 이 산속에서 어쩐다?"

"그것도 아니야!"

옹팔은 구급마를 불러야 하나 고민이 되었다. 구급마는 평양에서 가장 큰 병원에서 긴급 의료 사고가 생기면 환자들을 신속히 옮기기 위해 달려오는 말 부대였다.

"그 배도 아니면 무엇입니까? 설마?"

옹팔이 얼굴을 찌푸렸다. 그러자 김선달은 바로 그것이라며 고개를 끄덕였다.

"그래, 지금 나 폭발할 것 같아. 얼른 휴지를…… 윽!"

"나 참! 이 산에 휴지가 어디 있어요?"

"에라, 모르겠다!"

김선달은 더 이상 참지 못하고 풀숲에 들어가 용변을 보기 시작했다.

"옹팔아~ 휴지!"

"이 산에 휴지가 어디 있어요. 그냥 이 큰 나뭇잎으로 닦으세요. 어휴, 냄새."

옹팔이 코를 틀어막으면서 김선달에게 큰 나뭇잎 하나를 건네주었다.

"천연 휴지가 따로 없네. 이제야 좀 살 것 같구나. 후유."

김선달은 큰 잎으로 산더미만큼 쌓인 똥을 덮고 시원한 기분으로 풀숲을 헤치고 나왔다. 옹팔이 저 멀리에서 코를 막고 김선달을 기다리고 있었다.

"앗! 이것이 무슨 냄새인가?"

때마침 김선달이 볼일을 본 쪽으로 웬 스님 한 분이 지나가다가 똥 냄새를 맡았다. 김선달은 갑작스러운 스님의 등장에 적잖이 당황했다.

'하필 이런 때에 스님이 지나갈게 뭐람? 에라, 모르겠다. 옹팔이한테 뒤집어 씌워야지.'

"옹팔이 네 이놈! 내가 아무리 급해도 똥은 뒷간에서 누라고 하지 않았느냐!"

"엥? 그건 제가 아니라……."

"그럼, 지나가던 새가 눈 똥이 저렇게 크다더냐?"

"저는……."

옹팔이 변명을 하려고 했지만 김선달은 옹팔의 입을 틀어막았다.

"알았어, 알았어. 다음부턴 그러지 마!"

김선달은 스님이 들으라고 일부러 큰 소리로 외쳤다. 스님은 모르는

척하고 김선달 앞으로 다가왔다.

“어허! 누가 신성한 절이 있는 산에서 똥을 누라고 했어!”

“옹팔아! 얼른 사과드려야지.”

김선달이 옹팔의 허벅지를 꼬집으며 눈치를 주었다.

“아, 제가 무슨 잘못을 했는지는 모르겠지만, 죄송합니다요.”

옹팔이 스님에게 고개 숙여 사과했다.

“쯧쯧, 어쨌거나 두 사람 다 여기까지 왔으니 부처님께 인사는 드리고 가게.”

김선달과 옹팔은 얼떨결에 스님을 따라 절로 들어갔다. 스님이 살고 있는 절은 작고 아담했다. 돌부처도 있고, 탑도 있고, 시원한 옹달샘까지 없는 것이 없었다.

김선달과 옹팔은 부처님께 절을 올리려고 신발을 벗고 법당 안으로 들어섰다. 그런데 절을 하려고 고개를 숙이는 순간, 김선달과 옹팔은 웃음보가 터졌다. 스님이 읽는 경전 소리가 너무 웃기고 특이했기 때문이었다.

"예끼! 이 녀석들, 부처님께서 보시는데 왜 웃는 게야?"

"크크크, 죄송합니다. 하지만 스님께서 경전을 읽는 것이……. 크크크, 다른 스님들과 너무 달라서."

"그렇지? 내가 새로 개발한 방식이야. 요 근처 몇몇 절에서 크게 유행하고 있지. 그렇지만 원조는 바로 나야!"

스님은 자랑스럽게 자신이 만든 랩 형식의 경전을 보여 주었다. 김선달과 옹팔은 신기한 마음에 스님에게 랩 경전을 배워 보고자 했다. 스님은 둘에게 차근차근 설명해 주었다. 스님이 가르쳐 준 대로 읽으니 딱딱한 경전이 머릿속에 쏙쏙 들어오는 것 같았다.

"우아~ 신기해라! 머릿속에 쏙쏙 들어와요."

"그렇지? 이게 내가 개발한 랩 경전의 최대 장점이야."

"스님, 집에 가서도 읽게 이 경전을 저희에게도 하나씩 나눠 주시면 안 되나요?"

첵~드랍 더 비트~ 마하반야바라 밀다 심겨엉~
부쳐 핸접 ~ 관자재보사알~ 행심반야 바라밀다아~
나는 저얼로 ~ 아제아제바라아제 ~ 우리아재개그
바라승아제 ~ 모지사바하 ~
그다음 모지모지
우히흑
ㅋㅋㅋㅋ

"안 돼!"

스님이 김선달의 손에서 경전을 홱 낚아채며 단호하게 말했다.

"스님~ 부탁드려용."

김선달과 옹팔은 랩 경전을 갖기 위해 갖은 애교를 다 떨었다.

"귀한 책이라 보관해야 한단 말이다. 몇 부를 더 만들게 되면 주마."

"우아! 약속하신 겁니다?"

김선달과 옹팔은 서로 손뼉을 마주치며 기뻐했다. 하지만 스님의 표정이 조금 전과는 달리 어두워 보였다.

"에휴, 그나저나 요즘 여러모로 일이 풀리지 않는 게……."

"스님, 무슨 근심이라도 있으십니까?"

내가 여태껏 만들어 온 책들과 윗대 스님들이 지은 책들을 계속해서 보관해 오고 있는데, 그 책들이 무슨 이유에서인지 자꾸 색이 변해 못 쓰게 될 지경이야. 이렇게 되면 나중에는 읽을 수 없을 만큼 파손이 될 것 같아 걱정이구나."

스님은 랩 경전을 물끄러미 바라보며 한숨을 내쉬었다.

"아! 그런 일이 있었군요. 스님! 저희에게 이렇게 재미있는 경전을 가르쳐 주셨으니, 그 보답으로 책을 안전하게 보관하는 방법을 알려 드리겠습니다."

김선달이 선뜻 스님을 돕겠다고 나섰다.

"무슨 수로 말이냐?"

"자고로 도서관은 아래로는 골짜기를, 위로는 산을 향하는 곳에 만들어야 합니다."

"왜 그렇지?"

"산악 지대에는 두 종류의 바람이 있습니다. 하나는 산에서 아래로 부는 산바람이고, 또 하나는 골짜기에서 위로 부는 골바람입니다. 낮에는 골짜기가 산보다 더 빨리 뜨거워지니까 골짜기에서 산 위로 부는 골바람이 불고, 밤에는 반대로 산에서 아래로 부는 산바람이 붑니다."

"그래서?"

"골짜기 쪽으로 향한 유리창을 위아래 두 개를 만드는데 위쪽은 크게 아래쪽은 작게 만들고, 반대로 산꼭대기 쪽으로 나 있는 두 개의 유리창은 위쪽은 작게 아래쪽은 크게 만들어야 합니다."

"그건 왜지?"

"낮에 부는 골바람은 습기가 많아 책을 눅눅하게 만듭니다. 그러니까 골짜기 아래에 있는 작은 유리창으로 이 바람이 조금만 들어와 산 아래에 있는 큰 유리창으로 빨리 빠져나가게 하여 책이 습기 많은 바람과 오래 만나지 않도록 해야 합니다. 반대로 밤에는 건조한 산바람이 부는데, 이때 산 쪽으로 나 있는 큰 유리창으로 산바람이 들어와 골짜기 쪽의 작은 유리창으로 조금만 나가게 하여 책들이 건조한 바람과 오래 있을 수 있게 하는 것입니다."

"오호! 대단하군. 자연 습도 조절 도서관이 되겠어!"

김선달의 설명에 스님의 입이 떡 벌어졌다. 그리고 얼마 후, 김선달의 설계도대로 자연스럽게 습도를 조절하는 도서관이 산자락에 지어졌다.

“자! 이것은 고마움의 표시네. 자네들이 도서관을 만드는 동안 나는

이 책을 더 만들어 놓았지."

스님이 김선달과 옹팔에게 랩 경전을 내밀었다.

"우아! 정말 감사합니다."

"그래, 다음에도 또 놀러 오게나. 그땐 새로운 버전의 경전을 개발해 놓겠네~ 예에~"

스님의 시원한 랩 소리가 온 산에 쩌렁쩌렁 메아리쳤다.

더 알아보기

스님

산에서는 밤낮에 바람의 방향이 바뀐다고?

김선달

산악 지대에는 두 종류의 바람이 있는데, 낮과 밤에 서로 다른 방향으로 부는 바람이지요. 낮에는 골짜기가 산보다 빨리 뜨거워지면서 골짜기에서 산 위로 부는 골바람이 불어 옵니다. 이때, 골짜기 쪽 창문을 위쪽은 크게, 아래쪽은 작게 만들면 공기가 잘 통하지요. 밤이 되면 온도가 내려가며 산에서 아래로 바람이 불어 내려오는데, 이를 산바람이라 합니다. 밤에는 창문을 위는 작게, 아래는 크게 하면 공기가 잘 순환되며 시원해지는 것이지요.

옹팔

바닷가에 부는 바람의 방향도 밤과 낮이 다르다고요?

김선달

바람은 온도 차이로 인해 공기가 이동하면서 생기느니라. 바닷가에서는 이 원리로 낮과 밤에 바람의 방향이 달라지지. 낮에는 태양이 육지를 더 빨리 데우기에 육지 공기가 따뜻해져 위로 올라가고, 차가운 바다 쪽 공기가 육지로 불어오게 되는데, 이를 해풍이라 부르지. 밤에는 육지가 빠르게 식어 바다보다 차가워지므로 따뜻한 바다 쪽 공기가 위로 올라가고 차가운 육지 쪽 공기가 바다로 불어오게 되는데, 이를 육풍이라 한단다. 이렇듯 해풍과 육풍이 교대로 바닷가의 기온을 조절해 주는 것이니라.

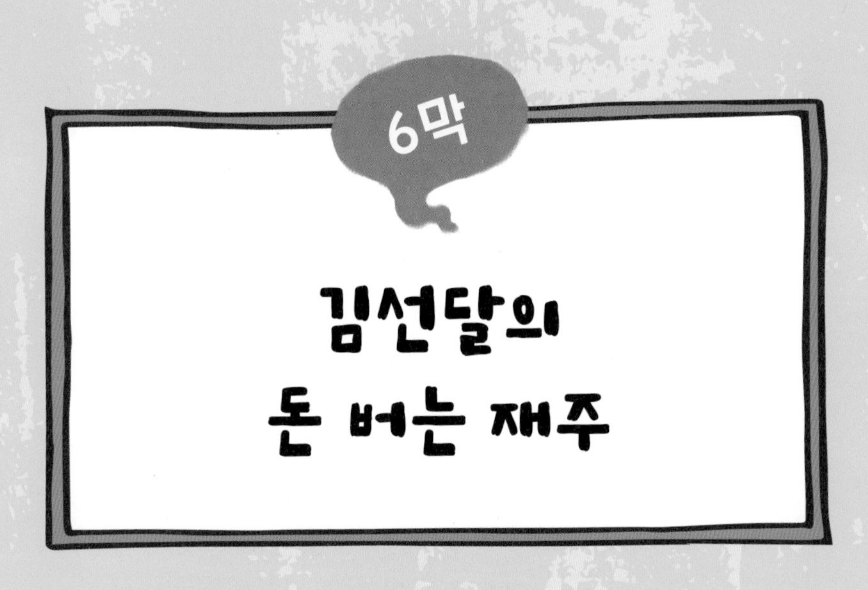

6막

김선달의 돈 버는 재주

스님과 헤어진 김선달과 옹팔은 다시 평양으로 내려왔다. 오랜만에 고향으로 돌아온 김선달과 옹팔은 날아갈 듯 기분이 좋았다.

"이제야 사람 사는 곳 같군. 으흠! 오랜만이다, 평양아~"

김선달과 옹팔은 산에서 내려오자마자 사람들이 많은 장터로 갔다.

사람들이 우글우글 모여 있는 곳으로 다가가니, 그곳에는 게시문이 하나 붙어 있었다.

나라에서 화석이 발견되는 땅은 고가에 매입하여 후손들에게 교육 현장으로 쓰겠다.

사람들은 힘든 농사일을 하느니, 화석이나 찾으러 다녀야겠다며 우스갯소리를 하고 지나갔다. 김선달은 수염을 쓰다듬으며 생각에 잠겼다.

"흠, 이거 잘하면 큰돈을 벌 수 있겠는걸."

"아니, 나리, 화석이 뭔데 저리들 난리랍니까?"

옹팔만이 고개를 갸우뚱하며 김선달에게 물었다.

"잘 들어라. 아주 오래전에 바닷가에 퇴적물이 쌓였다. 그런데 홍수 때문에 바다로 떠내려온 생쥐 한 마리가 퇴적물과 함께 쌓이게 되었지. 그리고 천년 후, 그 퇴적물 위에 다시 퇴적물이 쌓였다. 그 사이 생쥐의 시체는 썩었지만 단단한 뼈는 오래 버텨서 지층 속에 뼈의 흔적을 남기게 되었지. 이런 게 바로 화석이란다."

"그럼 나리는 화석이 있는 곳이라도 아세요?"

옹팔은 혹시나 하는 마음에 기대에 찬 목소리로 물었다.

"아니, 하지만 다 알아내는 수가 있지. 음핫핫!"

김선달은 돈을 벌기 위한 묘책을 궁리하기 위해 평소 즐겨 가던 주막도 들르지 않고 곧장 집으로 향했다.

다음 날이 되자 평양의 부잣집이란 부잣집들은 죄다 화석을 찾기 위해 이 산 저 산을 수색하기 시작했다.

"나리! 그 게시문이 붙자마자 양반집 자제들이 화석을 찾느라 난리예요. 다들 과거에는 붙을 자신이 없으니 화석이라도 찾아 그 공을 인정받겠다는 속셈인가 봐요."

"그래? 더 잘되었어. 옹팔아, 가서 고등어 한 마리 싱싱하고 큰 놈으로 사 오너라. 오늘은 생선이 끌리네."

김선달은 자신이 생각한 대로 일이 돌아가자 날아갈 듯 기분이 좋았다.

"돈이 어디 있어서요? 쌀밥만 먹어도 호강이지, 웬 생선이에요?"

"자, 이것을 팔아서 사 오너라!"

김선달은 눈물을 머금고 평소에 아껴 왔던 자신의 패션 아이템들을 하나씩 내놓으면서 그것들을 팔아 고등어를 사 오라고 시켰다. 옹팔은 생전 보지 못한 광경에 놀라울 따름이었다.

"우아! 옷을 팔아 고등어를 사 오라니, 제가 보고 있는 나리가 정말로 김선달 나리 맞습니까요?"

"두고 봐라. 더 나은 옷을 사기 위해서는 어쩔 수 없어."

옹팔은 김선달의 마음이 바뀔까 한걸음에 장으로 가 옷을 팔아 고등어 큰 것 한 마리를 사 들고 왔다.

"아이고, 여보! 웬 생선이래요? 오늘은 우리 가족 뱃가죽에 기름칠 좀 하겠군요."

김선달의 아내가 고등어를 보며 뛸 듯이 기뻐하였다. 오랜만에 먹는 고등어 반찬에 젓가락이 서너 번 왔다 가자 고등어는 머리를 제외하고는 뼈만 앙상하게 남았다. 식사를 다 마치자 아내는 밥상을 치우며 생선 뼈를 버리려고 하였다.

"안 돼! 여보, 그것을 나에게 줘! 이게 곧 보물이 될 거야."

김선달은 앙상한 생선 뼈를 귀하게 품에 안고는 바깥으로 나갔다. 옹팔도 김선달의 꿈수가 궁금해 뒤를 따랐다.

김선달은 예전에 자신이 헐값에 구입한 땅으로 가서 조심조심 땅을 파헤쳤다. 그러고는 그 땅에 고등어 뼈를 묻었다.

"나리! 무엇을 하시는 겁니까? 고등어 장례를 치러 주시는 겁니까?"

"아이고, 깜짝이야! 무식하면 그냥 잠자코 있어라, 이놈! 잘 봐라. 이렇게 고등어를 묻고 그 위에 진흙, 모래, 자갈 등을 얹어 층층이 쌓는 거야."

옹팔은 여전히 이해가 가지 않아 고개만 갸우뚱거렸다.

다음날, 김선달은 인부들을 불러 어제 쌓은 언덕을 자르도록 하였다.

"여기에 화석이 있을 것 같으니, 좀 잘라 보시게."

"네! 그러지요."

인부들은 능숙한 솜씨로 언덕을 잘라 내었다. 그러자 지층 구조가 보였다. 물론 김선달이 전날 가짜로 만든 지층 구조였다. 하지만 김선달은 마치 그것이 화석인 양 호들갑을 떨었다.

"내가 화석을 발견했어. 심봤다!"

김선달은 동네 어귀까지 소문이 퍼지게 크게 외쳤다. 김선달이 화석을 발견했다는 소문은 금세 일파만파로 퍼졌다. 그날 오후 소문을 들은 두 양반이 화석을 보기 위해 앞다투어 김선달에게로 찾아왔다.

"정말 화석을 발견했던 말인가?"

"네! 내일 관에 가서 알릴 생각입니다. 그럼 큰 포상금을 받겠지요."

김선달은 화석을 가리키며 잔뜩 거드름을 피웠다.

"자네, 이 땅 나에게 팔면 안 되겠나?"

한 양반이 김선달에게 땅을 팔라면서 먼저 달라붙었다.

"아냐! 나한테 팔게. 내가 값은 후하게 쳐주지."

옆에 있는 양반도 이에 질세라 김선달에게 땅을 팔라며 달라붙었다.

"어허, 이러시면 곤란한데. 두 분이 서로 자기에게 팔라고 하시면 전 어떻게 합니까?"

김선달이 난처한 표정을 짓자 두 양반이 서로 속닥거리더니 해결책을 제시했다.

"그럼, 우리 둘에게 파는 걸로 하면 어떻겠나?"

"음, 그렇다면야."

"그래! 지금 바로 팔게나. 우리가 제일 먼저 화석을 찾은 영웅이 되고 싶단 말일세, 얼마인가?"

"음, 이 화석의 가치로 봐서는 한 삼천 냥은 되옵니다만, 소인은 욕심이 없는 사람인지라 이천 냥만 받겠습니다."

"헉, 이천 냥이라, 조금 비싸긴 하지만, 여기 있네. 나중에 딴소리 하기 없기네. 이것은 분명 우리가 발견한 것이고, 이 땅도 우리가 가지고 있던 것이야."

양반들은 이천 냥을 선뜻 내놓으며 김선달에게 신신당부했다.

"그럼요, 저는 절대 거짓말을 하지 않습니다."

김선달은 천연덕스럽게 거짓말을 하고는 이천 냥을 받아 들고 서둘러 그곳을 벗어났다. 김선달은 이천 냥을 받자마자 그동안 사지 못했던 옷부터 갓, 온갖 장신구며 신발까지 쭉 빼입었다. 그리고 아내와 아들 옷도 잊지 않고 챙겨 들고는 즐거운 마음으로 집을 향했다.

김선달이 한가롭게 주말을 즐기고 있었다. 그런데 옹팔이 헐레벌떡 대문을 열고 뛰어 들어왔다.

"나리! 큰일 났습니다!"

"무슨 일인데 이리 수선이냐?"

김선달은 숨조차 제대로 쉬지 못하는 옹팔을 보며 무슨 재미난 일이라도 있나 하는 호기심에 눈을 반짝였다.

"헥헥……. 양반들이, 화석이 가짜인 것을 눈치채고, 나리를 당장 잡아 오라고 했답니다!"

"뭣이! 그 양반들이 벌써 눈치를 챘단 말이냐? 한 일주일은 걸릴 줄 알았더니만."

김선달은 뜻밖의 소식에 놀라 우왕좌왕하다 부랴부랴 짐을 싸서 줄행랑을 치기 시작했다. 김선달과 옹팔은 뒤도 돌아보지 않고 산속으로, 산속으로 들어갔다. 더 이상 깊이 들어갈 수 없을 때까지 가서야 둘은 바닥에 주저앉았다.

"그러게 좀 살살 하시지, 이천 냥이 뭡니까?"

옹팔이 소매로 땀을 닦으며 김선달을 원망했다.

"괜찮아, 안 잡히면 되지롱. 내 옆에만 붙어 있어."

김선달은 조급해하는 옹팔과는 달리 천하태평이었다.

"아무튼 힘들어서 더 이상 걷고 싶지 않아요. 날도 어둑어둑해지고, 이 산중에서 어떻게 하루를 보낸단 말입니까?"

"그러고 보니 너무 깊숙이 들어왔구나. 아! 저기 마침 동자승이 지나가는구나."

다행히도 김선달이 가리키는 곳에는 정말 동자승이 있었다. 동자승이 지나다닌다는 것은 이 주변에 절이 있다는 것이요, 절이 있다는 것은 하룻밤 묵어갈 수 있다는 말과 같았다.

"꼬마 동자야?"

"아니, 이런 산속에서 사람을 보다니. 길을 잃으셨나요?"

꼬마 동자는 김선달과 옹팔을 보고는 깜짝 놀랐다. 산에서 사람들을 본 것이 오랜만이기 때문이었다. 그런데 꼬마 동자는 멀리서 볼 때와는 달리 얼굴은 창백하고, 몸은 깡말라서 보기에 안쓰러운 모습이었다.

"너희 절에서 하룻밤 묵어갔으면 하는데, 안내해 주겠니?"

"네, 그럼요. 주지 스님께서 반겨 주실 거예요. 절 따라오세요."

꼬마 동자가 앞장서고 김선달과 옹팔이 그 뒤를 따라 걸은 지 얼마 되지 않아 조그만 암자가 눈에 들어왔다.

"여기입니다. 주지 스님! 손님을 모셔 왔어요."

"손님이라고? 오랜만에 우리 절에 손님이 왔구나."

김선달은 주지 스님께 합장하고 인사를 드렸다. 주지 스님의 얼굴은 동자승과는 달리 포동포동하게 살이 올라 있었다.

"자, 날이 어두워지니 옷부터 갈아입고 식사하러 오세요."

김선달과 옹팔은 동자승이 준비해 둔 편한 옷으로 갈아입고 식사하러 나갔다. 너무나 시장했던 둘은 맛난 절 음식을 먹게 될 것을 기대하며 군침을 흘렸다. 그런데 예상과는 달리 상 위에는 여러 종류의 떡들로 가득 차려져 있는 게 아닌가?

"설마, 이게 저녁 식사입니까? 이건 간식 아닌가요?"

김선달이 얼굴을 찡그리며 밥상을 바닥까지 훑었다.

"저희 주지 스님께서는 떡을 무척 좋아하셔서 하루 세 끼를 밥 대신 떡만 드신답니다. 그래서 제가 떡보 스님이라고 부르지요."

동자승의 말에 두 사람은 쓴 입맛을 다셨다. 어느새 주지 스님, 아니 떡보 스님은 상이 차려진 것을 보고는 자리에 앉아 젓가락을 들었다.

"자! 먹을까요?"

떡보 스님은 말이 떨어짐과 동시에 떡을 우걱우걱 삼켰다. 떡 먹기에는 신의 경지에 도달한 듯 보이지 않을 정도의 빠른 손놀림과 집중력으로 동자승과 두 사람은 떡 근처로 젓가락을 댈 틈도 없었다.

"동자승이 왜 이리 수척한지 이제야 알았군! 떡보 스님, 아니, 주지 스님께서만 너무 많이 드시는 것 아닙니까? 동자승이야말로 많이 먹고 클 나이인데, 이렇게 얼굴이 수척하지 않습니까! 떡을 좀 양보하시지요."

동자승이 아무것도 먹지 못하는 것을 보자, 화가 난 김선달이 주지 스님에게 말했다.

"그럴 수는 없네! 누구도 나의 떡 사랑은 말릴 수 없어. 난 부처님 다음으로 떡이 좋단 말이야~"

떡보 스님에게 김선달의 말은 들리지도 않는 것 같았다. 떡을 먹는 데 온 정신을 집중하고 있었기 때문이다.

"어허! 그럼 하는 수 없군요. 만약 동자승에게 떡을 주지 않으면 마당에 있는 돌부처가 노해 물에 동동 뜨게 될 겁니다."

"말도 안 되는 소리! 감히 나를 협박하는 겐가?"

스님은 협박에도 아랑곳하지 않고 다시 떡을 먹는 데 열중했다. 결국 동자승과 김선달, 그리고 옹팔은 그날 저녁을 쫄쫄 굶어야 했다.

"아악~~~!"

다음 날 아침, 떡보 스님의 돼지 멱따는 괴성이 온 절 안에 울려 퍼졌다. 김선달의 말대로 연못 위에 돌부처가 동동 떠 있는 것이었다.

"말도 안 돼! 이건 있을 수 없는 일이야! 내가 떡을 너무 좋아해서 부

처님이 노하셨나? 이를 어쩐다!"

떡보 스님은 물에 동동 떠 있는 돌부처를 보며 지난날 자신이 경전 읽기도 게을리 하고 떡에 욕심부렸던 것을 반성했다. 그리고 그날 아침, 떡보 스님은 어젯밤과는 사뭇 다른 모습이었다.

"동자야~ 많이 배고프지? 내 떡도 더 먹으렴~ 그동안 내가 얼마나 잘못했는지 많이 뉘우쳤단다. 그 자비로우신 부처님까지 나에게 화를 낼 정도이니, 그동안 내가 잘못했다."

떡보 스님이 눈물을 흘리며 동자승에게 사과했다. 이를 지켜보던 옹팔이 흐뭇하게 고개를 끄덕이며 김선달을 존경스러운 눈빛으로 바라보았다.

"그런데 나리, 어떻게 돌이 물에 뜰 수 있지요?"

"저 돌은 인도네시아의 화산 지대에서 수입한 부석이라는 돌이야."

"그래서요?"

"마그마가 화산 속에서 굳어지면 결정이 커서 단단한 암석이 된단다. 예를 들면, 화강암이 그런 경우지. 그리고 마그마가 화산 밖에서 굳어지면 뜨거웠던 것이 갑자기 차가운 공기를 만나 금방 식어 버리면서 광물들의 결정이 크게 만들어지지 못하고 잘 부서지는 현무암 같은 암석이 되지. 이때 마그마 속에 들어 있던 공기들이 밖으로 빠져나가 구멍들이 생기는 거야. 제주도 돌하르방이 구멍투성이인 건 바로 현무암이기 때문이지. 그런데 화산이 폭발하고 마그마가 엄청나게 빨리 식어서 굳으면 안에 있는 공기가 나가지 못하고 돌 속에 들어 있게 되는데, 이것이 바로 부석이라고 불리는 돌이야. 이 돌은 속에 공기를 많이 포함하고 있어 전체적으로 물보다 밀도가 작아져 물에 뜨게 되는 것이지. 이제 알겠느냐?"

옹팔은 설명하는 김선달을 그저 존경의 눈빛으로 바라볼 뿐이었다.

김선달과 옹팔은 한 보름간 떡보 스님의 절에 있었지만, 양반들이 추적을 멈추지 않자 개성까지 가게 되었다. 날은 햇볕이 쨍쨍한 여름, 둘은 더위에 지쳐 그늘에서 잠시 쉬어가기로 했다.

"여기까지 올 줄은 몰랐어요. 참! 개성에는 해수욕장이 있지! 우리 이왕 온 김에 해수욕장이나 갈까요?"

"예끼, 이놈아! 지금 스승이 잡힐까 말까 하는데 해수욕장이 생각나냐?"

"지금 나리 등에 맺힌 땀 좀 보세요. 지금은 여름이라고요. 즐길 땐 즐기고, 도망갈 때는 도망가고 그러자고요."

옹팔은 선뜻 내켜 하지 않는 김선달을 끌다시피 하여 해수욕장으로 갔다.

해수욕장에는 사람들이 바글바글했다.

"나리, 이왕 이렇게 된 거 파라솔도 치고 놀까요?"

하지만 예상치 못한 오랜 여정 탓에 그동안 벌어 놓았던 돈은 거의 바닥난 상태였다.

"옹팔아! 우리 노잣돈도 없는데, 사업이나 할까?"

"무슨 사업을 말입니까? 맨땅에 헤딩하는 것도 아니고, 아무 밑천 없는 개성에 와서 어떻게 하시려고요?"

사실 옹팔은 사업보다는 놀고 싶은 마음이 간절했다.

"우리 파라솔 사업하는 게 어떠냐?"

"하지만 파라솔은 저 상인들이 꽉 잡고 있는걸요. 우리가 비집고 들어갈 틈이 없다고요."

옹팔의 말대로 파라솔은 이미 독점하고 있는 상인들이 있어 끼어들기가 쉽지 않아 보였다.

"그럼 특별한 이벤트로 손님을 모으면 되지."

이번에도 김선달에게는 무언가 꼼수가 있는 모양이었다.

"글쎄요, 하려거든 나리 혼자 하셔요. 저는 끼룩거리는 갈매기 구경이나 할랍니다."

"그래? 나중에 나눠 갖자고 졸라도 소용없어!"

"당연하지요. 몇 푼 벌지도 못할 것이 분명한데 그것을 나눠 가져서 뭐 합니까?"

옹팔이 자신을 따르지 않자 김선달은 홱 돌아서서는 사업 구상을 시작했다. 일단 남은 돈을 빡빡 긁고 옹팔이 몰래 감춰 두었던 비상금까지 탈탈 털어 파라솔 세트와 보트 한 대를 샀다.

"자! 이제 연구해 볼까? 저 상인들과는 다른 특별한 것이 필요해."

김선달은 옹팔이 해수욕장에서 뛰어놀고 있을 때 모래사장 구석에 앉아 골똘히 생각에 잠겼다. 아침부터 밤까지 해수욕장에서 혼자 고민에 빠진 지 벌써 이틀째였다.

그러다 문득 낮에는 시원한 바람이 불지만, 저녁에는 오히려 더운 바람이 불어 짜증이 나는 자신을 발견했다.

"그래, 바로 이거야!"

다음 날, 해수욕장에 온 손님들이 파라솔을 빌리려고 모여들자 김선달은 사람들을 향해 소리치기 시작했다.

"여러분! 여기를 주목해 주십시오. '김선달네 파라솔 특별 행사'를 하고 있습니다. 여러분, 파라솔을 사용할 때 낮에는 바닷바람이 불어 시원하지만, 저녁에는 바람이 불지 않아 덥고 짜증이 나셨죠? 저희 '김선달네 파라솔'이 여러분의 짜증스런러운 여름밤을 확실하게 날려드리겠습니다!"

김선달이 확성기를 들고 큰 소리로 떠들자 다른 상인들에게 줄을 섰던 사람들이 모두 '김선달네 파라솔'을 사기 위해 마구 몰려들었다. 이것을 본 다른 상인들이 화가 잔뜩 나서 김선달에게 다가왔다.

"아니! 이런 식으로 손님을 빼앗아 가다니!"

"빼앗다니요? 억울하면 저처럼 이벤트를 하시지요. 요즘은 경쟁 사

자~
보트에 올라가서
파라솔을 펼쳐 보세요~
시원한 바람에
잠이 솔솔 와요~

김선달네
파라솔 특별 행사

회 아닙니까? 발 빠른 소비자의 기호를 맞춰야 살아남지요."

"쳇! 그건 그렇고, 파라솔을 쓰면 당연히 낮에만 시원하지 어떻게 밤에도 시원할 수가 있나? 자네는 지금 허풍을 떨고 있는 거야. 아마도 밤이 되면 사람들이 돈을 물어내라고 줄을 설 것이네!"

상인은 김선달의 말이 말도 안 되는 거짓말이라고 몰아세우며 악담을 퍼부었다.

"그런 걱정은 전~혀 하지 않으셔도 됩니다."

김선달이 얼굴 가득 얄미운 미소를 지으며 말했다.

"만약 거짓이면 사기죄로 고소할 테야!"

상인은 굴러온 돌이 박힌 돌을 뺀다는 말이 딱 맞다고 소리치며 자기네 가게로 발걸음을 돌렸다. 그리고 바득바득 이를 갈며 밤이 되기만을 기다렸다.

그리고 드디어 밤이 되자 김선달은 다시 확성기를 들고 소리치기 시작했다.

"여러분! 밤이 되니 열대야 현상도 심하고, 바람도 불지 않아 더우시죠? 약속대로 밤에도 시원함을 느낄 수 있도록 해 드리겠습니다."

김선달의 말이 끝나기가 무섭게 김선달에게 파라솔을 산 사람들이 우르르 몰려들었다. 김선달은 사람들을 데리고 자신의 보트가 있는 곳으로 갔다.

"자! 이 보트에 올라가셔서 파라솔을 펼치고 누워 보십시오. 아마 시원한 바람을 맞으며 오늘 밤 편안히 잠드실 수 있을 겁니다."

사람들은 '모래사장이 더운데 바다 위라고 안 더울까?'라고 의심쩍어 하며 보트에 올랐다. 그런데 보트에 올라 파라솔을 펴자 김선달의 말대로 시원한 바람이 부는 것이 아닌가? 다음 날 '김선달네 파라솔'은 말 그대로 날개 돋친 듯이 팔렸다. 그러자 처음에는 김선달을 사기꾼이라 욕하던 상인들이 하나둘 김선달에게 모여들었다.

"정말 대단하구먼! 벌써 이천 냥이나 벌었다지? 그동안 얕보았던 것 미안하네. 우리에게도 그 비법을 전수해 주면 안 되겠나?"

"맨입으로?"

"맛있는 고기를 양껏 먹게 해 주겠네!"

"그렇다면야 친절히 이야기해 드리지요. 모래는 물보다 온도 변화가 빠른 성질을 가지고 있지요. 그러니까 낮에 모래는 금방 뜨거워지지만 물은 쉽게 뜨거워지지 않는다는 말입니다. 그래서 낮에는 모래사장이 뜨거워 그쪽의 공기가 위로 올라가면서 빈 곳이 생기면 바다에 있던 공기가 그 빈 곳으로 몰려들어 바다에서 육지 쪽으로 바람이 부는 것입니다. 하지만 밤이 되면 반대로 물은 온도가 쉽게 내려가지 않고 모래는 금방 차가워지기 때문에 바다 쪽 온도가 더 높아지지요. 그래서 육지에서 바다로 바람이 부는 것입니다."

김선달이 고기라는 말을 듣고는 상인들에게 쉽고 친절하게 자신의 지구과학 실력을 뽐냈다.

“아하! 그런 원리가 있었구려. 그런데 김선달이, 계속해서 파라솔 장사를 할 생각인가?”

“전 여행하던 중이라 장사는 오늘까지만 할 생각입니다. 앞으로 이 이벤트는 여러분들이 하시지요.”

“그게 정말인가? 정말 고마워! 은혜는 절대 잊지 않겠네.”

상인들은 눈물을 글썽이며 김선달에게 고마워했다. 그리고 김선달은 상인들에게 맛있는 고기를 잔뜩 얻어먹고, 노잣돈까지 두둑하게 챙겨서는 다시 길을 떠났다. 물론 옹팔에게는 고기 한 점 주지 않았다.

더 알아보기

옹팔

물에 뜨는 돌이 있다고요?

김선달

화산이 폭발할 때, 분출된 마그마가 매우 빠르게 식으면 그 안의 공기가 빠져나가지 못하고 돌 속에 갇히게 되는데, 이렇게 만들어진 돌을 부석이라 부르지. 이 부석은 내부에 공기가 많아 밀도가 낮아지기 때문에 물에 뜨울 수 있느니라. 공기가 채워진 철로 만든 배가 물에 뜨는 것처럼, 부석도 속에 공기가 포함되어 전체적으로 물보다 가벼워 물에 뜨는 것이지. 이런 성질 덕분에 부석은 물에 뜨는 독특한 돌로 알려져 있느니라.

옹팔

화석이 무엇인가요?

김선달

퇴적물은 암석 파편이나 생물의 시체 등이 물, 빙하, 바람, 중력 등에 의해 땅으로 운반되어 표면에 쌓인 것이니라. 퇴적물 속에서 생물의 일부나 전체가 남아 있으면 체화석이라 하고, 발자국 같은 생활 흔적이 남아 있으면 흔적화석이라 부르지. 화석이 되려면 퇴적물 속에 급히 묻히고, 뼈나 껍질 같은 단단한 부분이 남아 암석화 과정을 거쳐야 한다. 또한, 화석 중에서 특정 환경에서만 살던 생물의 화석을 시상화석이라 하며, 이는 지층의 환경을 알려 주지. 반면, 생존 기간이 짧고 진화 속도가 빨라 지층의 형성 시기를 알려 주는 화석은 표준화석이라 하며, 중생대의 공룡이 그 예이다.

7막

김선달, 궁궐로 가다

더 이상 고향으로 가기 어려워진 김선달은 내친김에 한양으로 발걸음을 돌렸다. 출출해지자 노잣돈으로 주막에서 국밥을 시켰다.

"우아~ 이런 맛은 처음이야! 역시 국밥은 순댓국밥~"

옹팔은 김선달을 보며 군침만 꿀꺽 삼키고 있었다. 김선달은 개성의 해수욕장에서 파라솔 사업을 돕지 않고 저 혼자 신나게 즐긴 옹팔이 얄미워 쩝쩝 소리까지 내며 국밥을 먹었다. 옹팔이 먹고 싶은 마음에 숟가락을 가져다 대자 김선달은 옹팔의 손등을 가차 없이 때렸다.

"어허! 감히 나리가 먹는 것에 손을 대다니!"

"나리~ 제가 잘못했어요. 다시는 안 그럴게요~"

"무엇을 말이냐?"

"앞으로는 나리를 믿고 따를게요. 그러니 저도 국밥 좀 사 주시면 안 될까요?"

"진작에 그렇게 나왔어야지. 주모! 여기 국밥 하나 추가요!"

둘 다 배가 한껏 불러 주막을 나와서는 장터 구경에 나섰다. 그런데 여러 가지 먹을거리와 잡동사니 중에서도 김선달의 시선을 사로잡는 것이 있었다.

"자, 여러분! 제가 개발한 온도계입니다. 집에 온도계 하나쯤은 있어야 오늘이 얼마나 더운지 추운지 알 수 있지요. 자, 가정 필수품 온도계입니다. 모두 구경하시고 하나씩 사 가세요."

한 상인이 큰 소리로 온도계를 홍보하고 있었다. 김선달은 가까이 다가가 온도계를 구경했다. 상인이 파는 온도계는 물로 채워져 있었다.

"사시게요?"

"아뇨!"

상인이 다가오자 김선달은 한마디로 딱 잘라 거절하고는 뒤돌아섰다.

"그렇게 과학을 좋아하시는 분이 온도계를 보고는 그냥 돌아서시다니 좀 이상한 걸요?"

"온도계가 맘에 들지 않아! 그나저나 나도 한양 땅에서 장사나 시작해 볼까?"

"무슨 장사를 하시게요?"

"온도계를 팔아 볼까 해."

"엥? 온도계는 이미 저 상인이 만들어 팔고 있잖아요."

"하지만 저 온도계에는 무언가 하나가 빠졌어. 김선달표 온도계를

만들어야겠어."

김선달은 며칠 묵기 위해서 잡아 둔 주막에서 온도계 만들기에 여념이 없었다. 실패에 실패를 거듭하면서, 몇 달이 지나도록 주막에서 나오지 않았다. 시간이 흐르고 흘러 코가 시리도록 추운 겨울날, 드디어 김선달의 온도계가 완성되었다.

"그래! 바로 이거야!"

몇 달간의 노력이 빛을 발하는 순간이었다. 김선달은 온도계에 물 대신에 수은을 채웠다. 그리고 다음 날, 당장 장터에 좌판을 벌이고 장사를 시작했다. 사람들이 웅성대며 김선달 주변에 모여들었다.

"여러분, 온도계입니다! 수은으로 만들어 더더욱 정밀합니다. 다들 집에 온도계 하나쯤은 있어야죠!"

"얼마예요?"

"네, 스물다섯 냥입니다!"

"너무 비싸! 왕 서방네는 열 냥에 팔던데. 그냥 거기 가서 사야겠어."

"하지만 써 보면 아실 겁니다. 왕 서방네 온도계는 아마 얼마 쓰지 못해 망가질 것입니다. 특히 이렇게 추운 겨울에는요."

"그럼 믿고 한번 사 볼까?"

"네, 후회하지 않으실 겁니다!"

손님은 김선달을 믿고 온도계를 사 갔다. 그 뒤에도 많지는 않지만 조금씩 손님이 오기 시작했다.

"에이, 겨우 이 정도 가지고 돈을 벌겠어요? 우르르 몰려와도 시원찮을 판에."

옹팔이 투덜거렸지만 김선달은 개의치 않았다.

"잘 들어라, 이놈아! 물은 0도에서 얼지? 그러니까 0도보다 온도가 내려가는 겨울에는 왕 서방네 온도계 속의 물이 얼어 부피가 커지면서 온도계가 터지게 될 거야. 하지만 수은이라는 놈은 영하의 온도가 되어도 얼어붙지 않는 성질을 가졌지. 그렇기 때문에 아무리 추워도 온도를 잴 수 있어. 곧 사람들은 내 온도계가 최고라는 것을 알게 될 거다. 조금만 기다려 봐."

그리고 일주일이 지나자 김선달의 말처럼 많은 사람들이 몰려들기 시작했다. 김선달이 말한 대로 왕 서방네 온도계가 한겨울이 되자 얼어붙어 쓸모없어졌기 때문이었다. 결국 김선달표 온도계는 날개 돋친 듯이 팔려 나갔다.

"우아! 역시 나리는 대단해요. 사업을 벌였다 하면 성공이네요!"

"내가 뭐랬니? 나는 잘나가는 지구과학의 고수, 김선달이야!"

김선달은 온도계가 잘 팔린 덕분에 많은 돈을 벌어 큰 상점을 하나 차리게 되었다.

김선달의 가게는 날로 번창하였다. 온도계 이후에 또 하나의 히트 상품을 만들었기 때문이다. 그것은 바로 망원경이었다. 한 번 보려면 열 냥씩 내야 하는데도 사람들이 항상 바글바글했다.

"김선달네 가게에 가면 망원경으로 우주를 볼 수 있대!"

"그게 정말이야? 그럼 토끼가 살고 있는 달도 볼 수 있단 말인가?"

"물론이지!"

꼬리에 꼬리를 문 소문이 임금님의 귀에까지 들어갔다. 결국 더 이상 호기심을 참지 못한 임금님은 그 신기한 망원경을 직접 보기 위해 평복 차림으로 궐 밖을 나와 김선달네 가게로 갔다.

"어서 오십시오. 무엇을 찾으십니까?"

가게의 먼지를 털고 있던 김선달이 반갑게 손님을 맞았다.

"여기에 신기한 망원경이 있다기에 보러 왔소."

"아! 망원경을 보러 오셨군요. 이리로 오시지요."

임금님은 조금 초라해 보이는 망원경을 보고는 약간 실망한 눈빛으로 말했다.

"정말 이것으로 달과 행성들을 볼 수 있단 말이오?"

"물론이지요. 달을 볼 수 있을뿐더러 저 멀리 토성의 고리까지 볼 수 있답니다. 달은 지름이 지구의 4분의 1정도로 작고, 지구에서 달까지의 거리는 38만 4천4백 킬로미터입니다. 지구 한 바퀴가 4만 킬로미터이니까 지구를 아홉 바퀴 반 정도 도는 거리죠. 그리고 태양 주위에는

여덟 개의 행성이 있습니다. 바로 수성, 금성, 지구, 화성. 목성, 토성, 천왕성, 해왕성이죠. 이 망원경으로는 토성까지 볼 수 있습니다. 천왕성, 해왕성은 너무 멀어 잘 보이지 않지요. 이것을 한 번 보시는 데 열 냥 되겠습니다요."

임금님은 열 냥을 선뜻 내주고 망원경으로 하늘을 살폈다.

"우아! 달이 상처투성이네!"

"그건 크레이터라고 부르는 것입니다. 달은 대기가 없어서 밖에서 날아오는 것들을 막아 주지 못합니다. 특히 무시무시한 속도로 날아와 충돌하는 소행성들이 큰 분화구를 만드는데, 이게 상처투성이로 보이는 것이죠."

김선달이 설명하는 사이, 왕은 망원경을 돌려 토성을 관찰했다.

"토성의 고리가 너무 아름답군. 어떻게 저런 고리가 생길 수 있지?"

"저 고리는 사실 수많은 작은 얼음 조각들이 토성 주위를 돌면서 빛을 반사하는 것입니다."

"우아! 이런 것까지 볼 수 있다니, 정말 신기하오!"

"그렇지요? 제가 직접 발명한 물건이올시다. 음핫핫!"

김선달이 스스로 뽐내면서 말했다.

"이것을 나에게 팔 수는 없겠소?"

임금님은 이것을 궁궐에 가져다 놓으면 앞으로 나라의 과학 발전에 많은 도움이 될 거라고 생각했다.

"아니 될 말씀! 이 물건과 저는 일심동체입니다. 이것을 만드느라 쏟은 정성만 해도 엄청나며, 이제는 정이 들어 어디에도 팔고 싶지가 않습니다."

김선달에게 이 망원경만큼은 대궐과도 맞바꾸지 않을 만큼 소중한 것이었다.

"나에게 팔기만 한다면 이것보다 훨씬 큰 가게를 내줄 수도 있는데?"

"죄송합니다만, 싫습니다."

"음, 알겠소. 덕분에 달구경 잘했소."

임금님은 하는 수 없이 다시 궁궐로 돌아갈 수밖에 없었다. 김선달은 그 손님이 나라를 돌보는 임금님일 줄은 꿈에도 몰랐다.

한편, 궐에 돌아온 임금님은 골똘히 생각에 잠겼다. 그 망원경이 자꾸 머릿속을 맴돌았기 때문이다. 결국 임금님은 망원경과 김선달을 함께 궐에 들이기로 했다. 이렇게 해서 김선달은 뜻하지 않게 궐에서 호강을 누릴 수 있게 되었다.

"우아~ 우리 나리, 최고! 내 평생에 임금님이 사시는 궐에 들어오게 될 줄이야! 이게 꿈인지 생시인지 분간이 가지 않아요."

그날 이후로 김선달은 임금님에게 천문학을 가르치는 일을 맡게 되었다.

어느덧 비가 일주일 넘게 내리는 장마가 찾아왔다. 궁궐 사람들은 모두 나막신을 신고 비옷을 걸치고 다녔다. 임금님도 비가 너무 많이 내려 편전에서 옴짝달싹하지 못하는 처지가 되었다.

"전하! 큰일 났습니다!"

임금님이 유유히 책을 읽으며 교양을 쌓고 있는데 한 신하가 다급한 목소리로 달려 들어왔다.

"무슨 일이냐?"

"지금 전라도 어느 마을에 산사태가 일어나 백성들의 집이 무너지고 크게 다치는 사태가 발생했다고 합니다."

"안 그래도 무사히 장마가 지나가기를 고대했는데, 이런 일이 생기다니! 어서 김선달을 불러오게!"

김선달이 임금님의 부름에 한달음에 달려왔다. 임금님은 김선달에게 산사태가 어찌하여 일어났는지 경위를 살펴보고 오라고 지시했다.

지루한 장마가 끝나고 김선달이 전라도로 내려갔다. 산사태가 덮친 마을은 아직도 복구가 덜 된 상황이었다. 실종된 가족을 찾는 사람들과 무너진 담벼락을 세우는 사람들로 온 마을이 북적였다. 김선달은 가장 먼저 마을의 책임자인 사또를 찾아갔다.

"어서 오시지요."

사또는 임금님의 총애를 받고 있는 김선달이 온다는 말을 듣고 문 앞까지 달려 나와 인사했다. 사또가 있는 관아의 앞마당은 아직도 산사태로 고초를 겪고 있는 마을의 모습에 비하면 너무나 호사스러웠다.

앞마당에는 늠름한 느티나무와 소나무들이 심겨 있고, 인공적으로 만든 연못에는 통통하게 살이 오른 금붕어들이 가득했다.

"정원이 참 예쁘군요."

"오신다는 소식을 듣고 정원사를 시켜 나무를 좀 손보라 일러두었거든요. 마음에 드십니까?"

"마음에는 듭니다만, 원래 정원에 이렇게 나무가 많았습니까?"

"아닙니다. 제가 워낙 정원 꾸미는 것을 좋아하다 보니 나무를 가져다가 심었지요."

"자, 그럼 들어가셔서 산사태에 관해 이야기해 봅시다."

김선달은 사또가 청하는 대로 안으로 들어가 이야기를 시작하였다.

"산사태가 일어나서 많이 바쁘시겠습니다. 아직 마을이 복구가 덜 되었더군요."

"그럼요. 요즘 산사태를 복구하느라 정신이 없습니다. 그래서 말씀인데 김선달 나리께서 다시 궐에 들어 가시면 임금님께 잘 말씀드려 지원금을 좀 보내 달라고 주청을 드리시면 어떨는지요?"

"일단 산사태의 경위부터 살펴보고, 정당하다면 제가 부탁을 드려 보지요. 그런데 한 가지 의문이 있습니다. 저 바깥 정원의 나무들은 사서 심었다고 하기에는 아주 굵고 튼튼한 데다 종류까지도 많아요. 어디서 사서 심은 것입니까?"

"사다니요. 사는 것은 세금을 낭비하는 것이라 생각해서 일꾼들을

시켜 저 뒷산의 나무들을 뽑아 오게 하여 심은 것입니다. 참으로 올바른 신하의 모습이지 않습니까?"

사또는 자신이 백성들을 위해서 그렇게 했다는 것을 강조하며 자랑스럽게 이야기했다. 그러나 김선달의 표정이 어두워졌다.

"범인은 바로 당신이군요!"

"아니, 그게 무슨 말입니까? 제가 무엇 때문에 산사태를 일으킨답니까? 산사태는 자연재해라고요. 제가 그런 것도 모를 줄 아십니까?"

"물론 자연재해지요. 하지만 당신이 산사태의 원인을 제공했소!"

"그런 거짓말을. 내가 얼마나 백성들을 위하는데!"

사또는 여전히 자신이 무엇을 잘못했는지 모르겠다는 표정이었다.

"바로 당신이 저 나무들을 뒷산에서 캐 왔기 때문에 산사태가 일어난 것이오. 산사태는 물을 많이 흡수한 흙더미가 쏟아져 내리는 현상으로, 이는 바로 산에 나무가 없어 생기는 것이오. 땅속에 박힌 나무 뿌리가 흙을 꽉 붙들어 비가 많이 내릴 때 산사태를 막는 역할을 해 주는 것이오."

"이런……."

사또는 그제야 자신이 이번 산사태의 주범임을 깨달았다. 이번 사건으로 산에 나무가 많아야 자연재해를 막을 수 있다는 사실을 알게 된 사또는 다시는 자신의 호사스러운 취향 때문에 산에서 나무를 베는 일은 없을 것이라고 김선달과 서약하고, 백성들과 함께 산사태 복구에 온 힘을 기울였다.

산사태가 잘 수습된 얼마 후, 중국 사신이 궁궐에 방문한다는 소식이 들려왔다. 궁궐 안의 모든 사람들이 중국 사신을 대접할 준비를 하느라 여념이 없었다. 드디어 중국 사신이 한양 땅에 도착했다.

중국 사신은 도착하자마자 궁궐로 가 제일 먼저 임금님을 만났다. 그런데 그 중국 사신은 임금님 앞에서 제대로 예의도 갖추지 않고, 조선의 과학을 무시하는 말을 하기 시작했다.

"조선은 천문학의 발달이 우리 중국보다 더디지요. 우리 중국은 벌써 행성과 달에 관한 연구를 모두 끝마쳤답니다. 홍홍홍~"

임금님은 중국 사신의 말에 무척이나 기분이 상했다. 그때 임금님 곁에 서 있던 김선달이 임금님의 불편한 심기를 눈치채고 중국 사신에게 자신을 소개했다.

"아, 당신이 지구과학 관직에 있는 김선달이오? 반갑소. 나는 중국의 달 전문가요. 달에서는 사람들이 높은 나무로 껑충 뛰어 올라갈 수 있다는 걸 아시려나 모르겠네? 홍홍홍~"

"달은 지구에 비해 중력이 작아서 그런 걸로 알고 있습니다. 달의 중력이 지구의 6분의 1 정도라 지구에서보다 여섯 배의 높이만큼 올라갈 수 있지요."

김선달의 말에 사신은 깜짝 놀란 표정이었다.

그 밖에도 달에는 공기가 없어서 불이 붙지 않고, 사람들의 소리가 전달되지 않는다는 것 등, 김선달은 중국 사신에게 달에 대해서 많은 이야기를 들려주었다. 하지만 여전히 중국 사신은 조선의 과학을 무시하는 태도를 보였다. 임금님은 그날 접대를 마치고 김선달을 불렀다.

"중국 사신이 너무 무례하게 굴어서 내 심정이 많이 상했구나. 어떻게 우리의 과학을 그렇게 얕볼 수가 있는지, 원!"

"너무 심려치 마십시오, 전하. 제가 중국 사신과 대화를 해 보니, 그들이 우리보다 나을 것이 하나도 없었습니다."

김선달은 임금님을 위로해 보려고 애썼지만, 임금님의 섭섭한 마음은 쉽게 풀어질 것 같지 않았다.

"그렇다면 그것을 증명해서 중국 사신의 그릇된 생각을 바로잡아 주고 싶다만……."

"저에게 좋은 수가 있습니다. 저만 믿으십시오. 곧 중국 사신의 코가 납작해질 날이 올 것입니다."

김선달은 갑자기 좋은 묘책이 떠올라 임금님의 귀에 입을 바싹 대고 속삭였다.

"오호! 잘될까?"

"물론이지요. 저만 믿으소서."

김선달은 임금님이 계신 편전을 나와 곧장 중국 사신이 묵는 곳으로 갔다. 중국 사신은 뜻하지 않은 김선달의 방문에 조금 놀란 기색이었다.

"아니, 무슨 일이오? 지금은 우리가 공식적으로 만날 시간이 아닌 듯한데……."

중국 사신은 김선달을 경계하는 눈빛으로 쳐다보았다.

"그게 말입니다. 아까는 듣는 귀가 많아 이야기하지 못한 게 있어서……."

김선달은 무언가 숨겨 왔던 중요한 비밀 이야기를 꺼내듯 조심스럽게 중국 사신에게 속삭였다.

"오호, 그게 무엇이오?"

"당신을 달에 보내 드릴 수 있소."

"그게 정말이요? 어떻게 달에 간단 말이요?"

중국 사신은 어안이 벙벙하여 방금 자신이 들은 말을 믿을 수 없다는 표정이었다. 중국에서는 아직 달나라까지 가는 기술이 발명되지 않았기 때문이었다.

"어렵지 않습니다. 대포알의 속도가 초속 11킬로미터를 넘으면 달에 갈 수 있지요. 한번 가 보시렵니까?"

"좋소. 만약에 가능하다면 우리 황제께 제일 먼저 알려야겠소. 그런데 그 대포가 조선 땅에 있단 말이오?"

중국 사신이 당나귀만큼 커진 귀를 솔깃하며 호기심 가득한 말투로 물었다.

"그럼요. 그런데 가격이 좀 세지요."

"얼마인가?"

"조선 돈으로 한 이만 냥 합니다. 사시렵니까?"

"돈이야 얼마가 들든, 우리 황제가 기뻐할 생각을 하니 나도 절로 기쁘구려. 만약 성공한다면 나는 높은 벼슬을 갖게 되겠지. 홍홍홍~"

결국 중국 사신은 김선달의 꾀에 넘어가 비싼 값에 대포를 사서 중국으로 돌아갔다.

그리고 한 달 뒤, 중국에 도착한 중국 사신은 한달음에 황제에게 달

려가서는 신기한 대포에 대해 이야기했다.

중국 사신이 자랑스럽게 대포를 선보였다.

"역시 그대의 충심은 높이 살 만하구나. 내가 그대 덕분에 달구경까지 하게 될 줄이야."

대포에 올라탄 황제는 지켜보는 많은 백성들을 향해 손을 흔들었다. 중국 사신은 황제의 칭찬에 싱글벙글하며 드디어 황제가 탄 대포를 발사시켰다.

"피융~!"

대포가 큰 소리를 내며 높이 날았다. 그것을 지켜보던 백성들의 입에

서 "우아!" 하는 탄성이 절로 나왔다.

하지만 그것도 잠시, 황제는 얼마 가지 못해 진흙탕에 파묻혔다.

"이런, 고얀! 내가 그대를 믿었거늘, 나에게 이렇게 큰 모욕을 주다니! 저자를 당장 내 눈에 보이지 않는 곳으로 유배를 보내거라!"

결국 이 일로 중국 사신은 황제에게 미움을 잔뜩 받고 유배를 떠나 다시는 돌아올 수 없었다고 한다.

김선달과 임금님은 이 소식을 전해 듣고는 기쁨의 축배를 들었다.

훗날에도 임금님은 김선달을 더욱 총애하였고, 김선달은 임금님을 잘 따라서 나라의 발전을 위한 많은 과학 도구를 발명했다고 한다.

더 알아보기

옹팔

온도계에 왜 수은이 들어 있나요?

김선달

온도계에 수은이 들어 있는 이유는 수은이 온도 변화에 민감하게 반응하기 때문이니라. 수은은 온도가 오르면 부피가 커져 눈금이 올라가고, 온도가 내려가면 부피가 줄어 눈금이 내려가는 특징이 있지. 또한, 수은은 매우 낮은 온도에서도 얼지 않아 넓은 온도 범위를 측정할 수 있느니라. 표면이 매끄러워 유리관에 잘 달라붙지 않고 부드럽게 움직여 온도를 정확하게 나타내기에도 적합하단다.

사또

산사태란 무엇이며, 나무가 산사태를 막는 이유는 무엇이오?

김선달

산사태란 물을 많이 머금은 흙더미가 무너져 내리는 현상이오. 특히 비가 많이 올 때 산사태가 발생할 위험이 크지요. 산사태를 막는 데 있어 나무가 중요한 역할을 하오. 나무는 뿌리를 땅속에 깊이 박아 흙을 단단히 고정하고, 뿌리를 통해 흙 속의 물을 흡수하여 나무의 각 부분으로 공급하지요. 이렇게 나무가 흙의 물을 빨아들여 주면, 흙더미가 지나치게 무거워지지 않아 산사태를 예방하는 데 도움이 됩니다.

고전에 빠진 과학 4

김선달이 지구과학 고수라고?

초판 1쇄 2025년 1월 15일

글 정완상 **그림** 홍기한

편집 정다운편집실 **디자인** 하루

펴낸곳 브릿지북스 **펴낸이** 박혜정 **출판등록** 제 2021-000189호

주소 경기도 고양시 일산서구 킨텍스로 284, 1908-1005

전화 070-4197-1455 **팩스** 031-946-4723 **이메일** harry-502@daum.net

ISBN 979-11-92161-10-5 74400

ISBN 979-11-92161-06-8 (세트)